我們和貓一起的日子

# 心中住了一隻貓

葉了 著

# 目次

## 輯2 當人遇見貓

## 輯3 愛牠，顧一生

推薦序

# 貓天使

朱天心

葉子絕非只空言的革命者，我有時不免好奇她如何做到的，讀這本書，那答案其實如此清晰如此簡單，「愛」而已。

這些年，我結識很多關注及實踐動物處境議題的友人，他們男女、老少、職業、信仰、族裔、社經地位……殊異，有精神導師形貌的哲學大師、有公知網紅、有剛大學畢業，自己的人生尚未開始便投身於其他生靈生存權的菁英分子、有聞聲救苦的動物救援、有如地藏王菩薩的「地獄（收容所）不空、誓不成佛」的貓中途、有身處無間地獄般的第一線餵食者……。此中，我卻只想以「貓天使」一詞，來形容或來稱呼我見證了這些年的葉子。

我認識葉子在世紀初，而且是先被她一篇篇的文章所吸引。那真是空前絕後的短暫好時光，中時的副刊生活版每週固定一天、由主編陳斐雯主導並設定議題的動物版，大異於後來諸紙媒雜誌聊備一格為空巢銀髮，或不打算有人孩的年輕夫妻服務的「寵物版」，那在動物權動物福利意識剛剛萌生的台灣重要極了，我便一篇篇讀到葉子下筆、ＫＴ拍照，有內容、有知識、有觀點、有視野……更重要的，有感情血淚的文章。

葉子和ＫＴ不僅僅照護屋內的貓們，他們架設「台灣認養地圖」網站，幫無數街頭或收容所內的動物找到願意給牠們一個家的人族，他們也深察流浪動物必須在源頭減量，才不致拖垮中游的中途和下游永遠不夠的愛媽，因此他們引進國外行之有年的流浪動物人道文明減量方式TNR，並引導公部門翻轉「捕捉撲殺」的現行政策，堪稱是一場小革命。

我便是在那場革命時期結識他們的，參加他們的志工講習訓練，從我們自身的里做起，行有餘力就支持其他的里……。

葉子絕非只空言的革命者（我看過的革命者，一無例外的只想砍大樹，毫無耐心或覺需要去修剪枝葉），葉子彷彿帶學步的孩子帶所有的認養人或志工，一步一步的前行，還不吝提供器具、技術和愛心，她前後接手過我們走告無門的三窩剛生產的母帶子，教會並協助我們如何為腎衰貓打皮下、服用各種營養補充品，以及各種照護的小撇步……。

她做這些從未有不耐之色，無論對貓族、或人族。

葉子捨身做這些（她有嚴重的氣喘痼疾，不該如此身心勞累的），我有時不免好奇她如何做到的，而且數十年如一日。——這，老實說，我不及多多（我總怨天、怨人），讀這本書，那答案其實如此清晰如此簡單，「愛」而已。

多年來，我回應為何愛動物的提問時（這是什麼問題呀！），我總回答，我一點也不愛動物，而只是做為一個自稱萬物之靈的人族所該說到做到的不忍、伸出援手而已……，就如同我並沒愛甚至也沒見過缺乏資源的部落孩子、東非受饑的孩子，但知其處境後，不是該做點什麼嗎？

我仍身陷在我的道德命題自我辯論甚至負氣久久時，那葉子，早已走在前面遠遠的，以天使之姿。

（本文作者為專業作家）

推薦序

# 安於貓居，樂此不疲

葉子毫不藏私，一五一十與讀者分享，不管資深還是資淺貓友都能各有收穫，獲取最溫暖的心理支持。

林清盛

「她很害羞啦！」

一直記得十幾年前因機緣想邀訪葉子，KT一心保護她，不希望給葉子壓力，客氣地婉拒第一次的節目邀約。

最後禁不住我的多次請託，答應受訪，KT陪同上節目，很多時候都是KT在說話，而葉子，真的很害羞、話也少。因奶貓季節到來，當時討論發現奶貓落單時該怎麼辦？如何妥當地介入？後來探討照顧病貓、餵養街貓的問題，又請他倆上節目分享經驗。

十多年後，我回到花蓮，繼續當個廣播人，他們也移居到花蓮，樂當眾貓咪的同居人，他們成了唯一從台北天空一路聽到花蓮晴空下的資深聽眾。

最近，到他們的花蓮貓房子訪問，葉子變得不再懼怕麥克風，侃侃而談。是因為我們已成老友，存在多一點信任？還是在自家受訪有貓作陪，安心自在許多？可以肯定的是，因為貓，所以放心彼此。

葉子和ＫＴ在朱天心筆下被稱為「神鵰俠侶」，形容非常貼切，兩人總是形影不離。葉子患有氣喘，ＫＴ會適時協助與關心，當社會越來越強調自我，愛情變透薄如紙，輕易撕毀的時代，他倆呵護對方的心，讓人還願意相信愛情，相信找一個同樣愛貓疼狗的人，是選擇「牽手」的重要考量。

「啊，就看到了啊！」葉子在書中精準描述ＫＴ每每撿回未斷奶的奶貓時，常說的話。我也常聽他這麼說；但看到了，不代表就要帶回家養，何況是每兩、三個小時就要餵奶的奶貓，其中的辛苦很難為外人道。如今葉子把近二十年貓中途的經驗整理成書，對我而言，實在等太久，等到跟她一樣，從狗友的家長身分，多了有貓的貓夥伴。

書中〈如果你養貓了〉一文，鋪陳說明當一個貓同居人該有的認知，遛狗又玩貓的我，必須左右腦並用，對狗貓行為常需反向思考與辨認雙方行為表徵的差異，透過葉子，知道養貓要投注更多的注意小心，知道「貓奴」兩字其實是無比榮耀的稱謂。當然，這還是得要經過嚴苛的「葉子認證」，才能算數！

書裡分類細數各色貓的個性，靈動地說著養貓後，諸多疑神疑「鬼」的事件，煞是有趣；當然，人族與貓族的相遇，還是有很多難關得一一闖越，偏偏很多時候是生離死別的事，當貓生病要注意的事項與做法，葉子毫不藏私，一五一十與讀者分享，不管資深還是資淺的貓友，都能各有收穫，獲取最溫暖的心理支持。一如他倆設立的「台灣認養地圖」，像貓安安靜靜的存在，默默推行 TNR、捕捉、絕育、就地放養，從不高分貝呼喊，而希望更多注目是集中在「牠們」身上，因為他們的目光永遠投向街貓。

「喵～」我的貓又來討拍拍，總愛被拍屁股的牠，拍不夠還會要求繼續，別停下來。規律的節奏，不只愉悅了貓，也療癒了我，誠如《心中住了一隻貓》裡的故事，讓我們心安於貓居，樂此不疲。

（本文作者是廣播節目主持人）

推薦序

# 葉子的貓之道

不僅僅記錄下這時代這城市裡的貓，
也展現出這時代這城市裡愛貓人的內心。

栗光

那天在浴室洗手時，媽媽突然湊了過來，指著架上散發精油香氣、刻著貓笑臉的手工皂，告訴我她今天的大發現——我那兩歲的外甥女荳荳，會在洗手後默默對手工皂輕輕地說聲：「貓咪謝謝。」為此，我媽「呼籲」全家洗手時應儘量避開有雕刻的那面，好讓貓咪陪伴荳荳久一點。

我不小心笑了出來，為荳荳的萌和媽媽的傻，但笑著笑著忽然想到，這或許不只是幼兒的萌，也將會是她與貓咪、與動物互動的「啟蒙」；這樣說來，我和荳荳都是還不認識葉子的時候，就深深地被她影響了。

那塊手工皂，來自葉子溫暖的雙手，而許多年前的某一天，她也用那雙手與夥伴架設了「台灣認養地圖」網站。在網路尚不如今日發達的時代，台灣認養地圖既是不被允許養貓的我的心靈寄託，也往往在救援街貓時給我依靠。而多年後，我終於與葉子本人相識了。

二〇一三年的八月，我一邊拿著《貓中途公寓三之一號》請她簽名，一邊訴說這本書如何教我熱淚盈眶；葉子靦腆地笑了笑，低頭在簽名頁寫上：「救一隻貓不會改變世界，這隻貓的世界卻因你改變。」我為之一震，彷彿被溫柔叮嚀，不論我們想達成什麼，遠眺的同時絕不能忘記從眼前做起的踏實。

坦白說，踏實也是葉子給我最強烈的感受。和她的互動，多集中在她為繽紛版書寫青春名人堂的兩年時光，儘管很少閒聊，但自認識起，她專注走在「貓之道」上的精神就教人感佩不已：我觀察過，在她的文章和臉書上，幾乎看不見葉子這個人，即便在描寫怎麼克服恐懼，為腎貓打皮下點滴時，比起強調自身的辛苦，她似乎更想傳達，當你有了貓家人，某天不得不走上這條路，你會發現一切不簡單，但我們還是可以挺過。

一直很喜歡讀葉子寫橘虎斑貓油油打針的種種，因為那是我第一次知道原來一個人無微不至的心意，能讓一隻貓不僅不怕打針，還會在別的貓需要打針時站出來，吃醋地把人家擠跑；我猜，油油大概覺得這是牠與葉子間很特別的事。能夠這般轉化「苦差事」的葉子，對我來說也是特別的；如果沒有讀過〈為貓注射愛〉一文，幾乎無法想像她曾淚眼汪汪地向醫師學習如何居家照護腎衰貓。

從當年人貓都是暫時棲身的「中途公寓」，到現在擁有自己的「貓房子」，葉子寫下的這本《心中住了一隻貓》，不僅僅是記錄下這時代這城市裡的貓，也展現出這時代這城市裡的愛貓人的內心。我不禁想說聲，貓咪謝謝，葉子謝謝。

（本文作者為《聯合報．繽紛版》主編）

作者序

# 沒有貓的屋子稱不上家

羅吉斯懷塔克說：「沒有貓的屋子稱不上家。」

雖然我不知道他是誰，但肯定是個愛貓人。

對我來說，我的家就是貓的家，貓不是我生活的一部分，而是全部。早上睜開眼映入眼簾的，是咪醬的大頭，磨蹭著我的臉叫我起床。下床的時候得留意躺在床邊的捲捲，因為牠一身白毛跟白色地毯已經融為一體。我還在伸懶腰的時候，黑白三貓組已經不停在腳邊繞圈圈喵喵叫，這是一種要貓奴放飯的舞蹈，比祈雨舞還好看。

第一隻貓住進家裡的時候，我還是個完全不懂貓的新手，不知道要準備貓砂盆，買了貓砂還拿鍋鏟來挖。把喵喵當狗養，教喵喵學會坐下和握手。那一個光線充足、精心裝飾雜貨休閒風格的客廳，隨著時間和貓口的增加漸漸消失。貓勢力不斷擴張，客廳最寬敞的地方被拿來放置貓跳台；貓窩填充各個空間，地上常滾動著貓玩具。沙發早已不再服務人類，早晚都有占據於此睡覺的貓群，我們得推擠貓屁股空出一小塊，或是委屈地窩在小板凳上，歪著頭、斜著眼，看電視吃便當。

與貓共眠是很多愛貓人的夢想，一開始真的很美好，兩、三個月的小橘白又輕巧又靈活，睡覺前先爬個媽媽山，然後躺在胸口上呼嚕呼嚕，幸福又美滿。然而，當小橘白長大成七公斤的大橘白後，我很少能平躺著睡了。至於半夜被不睡覺奔跑玩樂的貓踩上兩、三腳，其實習慣了也還好。最大好處是，寒流來襲時能跟貓依偎著互相取暖，這是什麼牌子的暖爐都比不上的。

人把家與貓共享，貓住進家裡也住進心裡，與其說貓需要人照顧，不如說是人依賴貓的存在。我們給予貓物質上的需求，貓給予我們精神上的歸依，一個有貓的房子，即使貓安安靜靜躺著睡覺，都能讓人覺得自己並不孤單。

你的心裡是不是也住著一隻貓呢？用貓的生活態度過日子，即使忙碌也要維持自己的步調做事；用貓的處世哲學，窩著或躺著，端看當時的心情指數，不迎合外界世俗；用貓的好惡分明，喜歡就是喜歡，不喜歡就是不喜歡，沒得商量也絕不妥協。

貓住進家裡，住進心裡，最後住進了回憶裡。以前在貓公寓生活的種種，常常會出現在我的夢裡，那段從新手養貓到成為貓中途的歲月，收容救助流浪貓再為牠們找到家的日子，現在回想起來有苦有淚但也很甜，我們把中途貓交給接班人延續牠們的幸福，讓更多的貓入住溫暖的家與柔軟的心裡。

二十多年前我從路邊抱起一隻雙眼爆膿的小貓，跑回自己蝸居的屋子，當時從未想過有這樣的未來。家，從一隻貓開始，從愛自己的貓開始，分享愛給其他需要救助的貓，再幫助這些貓找到另外一個家。我們正在進行一種善的流動，讓家變成一個能幫助更多貓，更有意義的家。

不是我們選擇有貓陪伴的人生，
而是貓允許我們
「一起過吧！」

葉子貓語

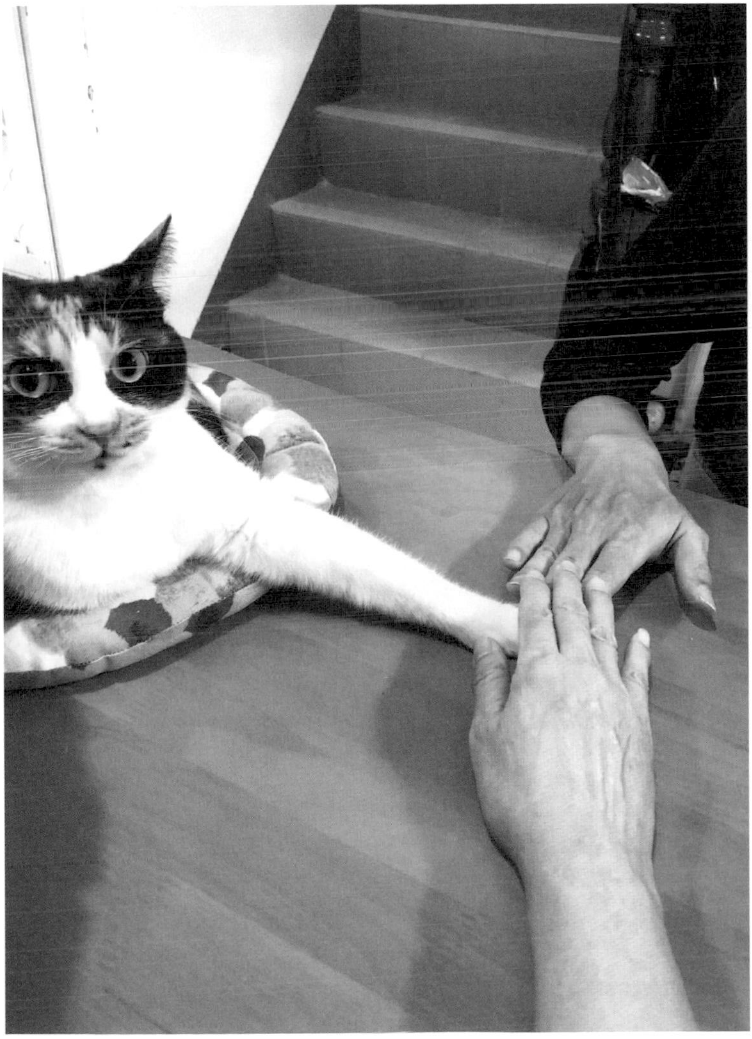

# 輯1 貓房子貓日子

# 我們一起，與貓

為了讓照顧的貓能安定生活，我們一起建立了「貓房子」，一個貓永遠的家。

我和我先生認識時，身邊只有兩隻米克斯狗；那時候，我還是個對貓有誤解，看到黑貓覺得會倒楣一天的人。

抱回人生中的第一隻貓時，他正在花蓮當兵，那是一個沒有手機，全靠書信往來的年代。我寫給他的信中這樣描述著：「寒冷深夜突然而來的飢餓感，想去便利商店買個泡麵，卻聽到街角貓婆婆家有小貓叫聲，原來我們一起看到的那隻坐在屋簷，肚子很大的黑白黃貓，在婆婆家的院子生下三隻小貓。小貓們很瘦小，眼睛全是黃膿眼屎，有一隻竟看不到牠的雙眼。不知道哪裡來的勇氣，我對貓婆婆說，這隻看不到眼睛的小貓送給我吧，於是沒買到充飢的食物，厚外套裡卻揣了一隻小貓快步回家。」

當時還是大頭兵的他收到信，抓著僅有一天的放假，搭飛機回台北看小貓，我們跟貓的緣分是這樣開始的。

接下來的日子，他在東部當兵，我在北部工作，我也開始學起貓婆婆照顧住家附近的街貓，偶爾收容生病的小貓。他退伍後，為了幫我順利送出不斷爆棚的貓口，利用當時剛興起的網路，與朋友一起架設認養流浪動物的網站，建立那時還是很稀少的認養平台，也一起幫助曝光率很低的公立收容所動物，讓牠們有機會被看到。

記得我們在網站上喊出的口號是「遇見百分之百的喵」和「找一隻愛你的狗」，他還會去偏遠的公立或私人動物收容所幫忙拍照，再一隻一隻修圖放到網站上供人瀏覽認養。每當把網頁上的貓狗認養資訊更改為「已送出」，就是我們最高興的時候，覺得作為一個平凡的小人物，也能透過自己的力量幫助動物。

我在上班以外的時間還做著貓中途的工作。

什麼是貓中途呢？就是提供一個安穩的環境給需要幫助的貓咪，等貓咪身體恢復健康，再進一步安排送養，協助貓咪找到幸福的家。每一次我帶貓去看醫生、到認養人家進行家訪、送貓咪到新家，先生都會陪我一起去，一來避免路癡的我找不到路，二來他也可以提供觀察和建議。我們一起送養了無數的貓，先生更常在送完貓到新家後，一路安慰因為跟貓分離而傷心哭泣的我。

當了近二十年的貓中途，我們清楚知道收來的貓並非全都適合送養，像是身體有殘缺的、個性孤僻的，或受虐貓等。我們一旦接手照顧就得承擔起未來的種種，這些暫時沒有機會找到家的貓，會一直留在身邊照顧著。於是，貓口隨著歲月慢慢增加，但先生從不抱怨，還把比較粗重的工作攬在身上，例如搬重物、清貓砂、倒垃圾等。

先生不是個擅於交際的人，面對不熟的人常常沒有話說，可他會對著貓嘰哩咕嚕説個沒完沒了，相機隨時擺在身邊，好捕捉貓咪最純真的影像，就連初次見面的街貓，也能處得像是認識好久的朋友。

因為常出外拍攝街貓，他陸續撿回不少未斷奶的小貓交給我照顧。他的標準説法總是：「啊，就看到了啊。」沒有華麗的説詞，只有單純直接的行動和一顆善良的心。

一開始，我一個人收養了兩隻流浪狗；接著，我陸續收容照顧不少流浪貓。慶幸的是，我不再是一個人，而是兩個人。我，變成我們，與貓一起生活，還為了讓照顧的貓能安定生活，我們一起建立了「貓房子」，一個貓永遠的家。

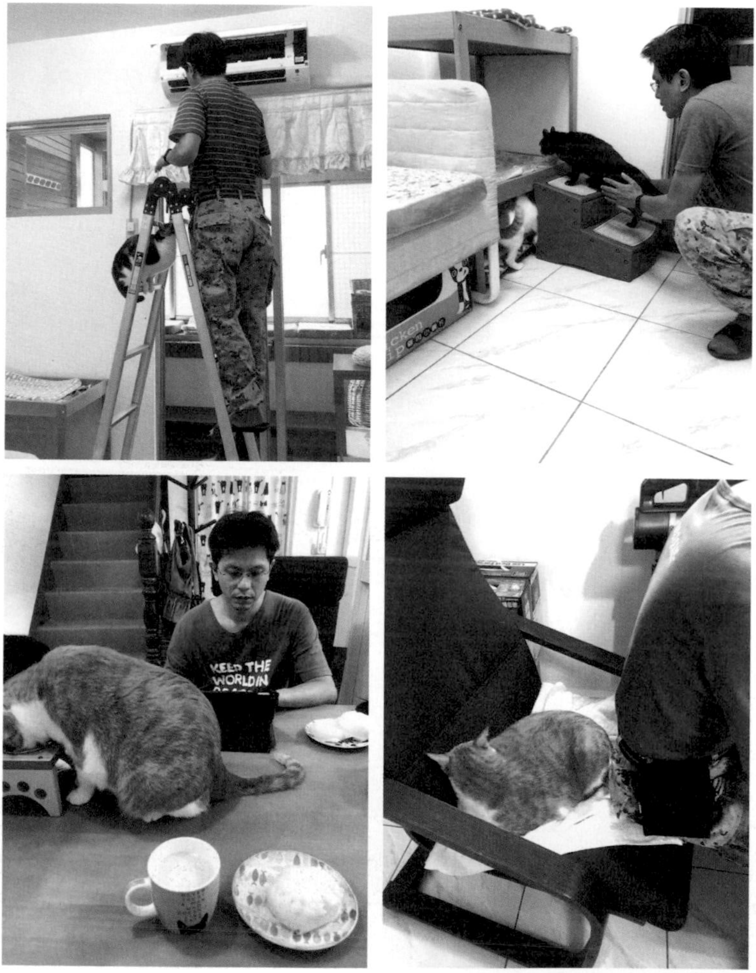

2 | 1　1. 幫老年貓準備樓梯方便上下。 2. 做什麼事都跟貓一起。
4 | 3　3. 椅子得先讓給貓坐。 4. 跟貓一起同桌吃飯。

每天看到有貓的風景。

# 為貓買一個家

我買了一間房。嚴格來說，是買了一間貓房子……

在台北居住二十多年來，都是租屋族；一開始租個雅房，接著住到頂樓加蓋，雖然屋頂和陽台遇到大風大雨就會漏水，但因為房租便宜，房東先生又不反對我們養狗養貓，頂樓加蓋的貓公寓一住就是十年。

但就跟其他租屋族一樣，我們隨時要面臨房東無預警說要收回房子的要求。火燒屁股的無殼蝸牛就得白天上班，晚上騎車在巷弄裡四處張望，各個租屋訊息網站看到眼花。好不容易找到環境不錯的租屋，十之七、八不能養寵物，另外十之二、三聽到我們的貓口眾多，馬上謝謝不聯絡。有時找到灰心極了，稍作休息後又得振奮精神重新出發找房，因為狗狗和貓貓都是我們的家人，沒道理為了搬家就棄牠們於不顧。

俗語說：「狗來富，貓來起大厝。」我們雖無大厝可住，卻因貓牽起了緣分，遇到同是會撿流浪貓回家照顧的房東劉太太。她非常清楚當貓中途的辛苦，對著當時正照顧二十幾隻貓的我們，說了一句我一生都會銘記在心的話：「房子是死的，你們正在做的是很棒的事情，只要沒有把房子拆了，想收容幾隻貓都可以。」於是，我們從台北頂樓加蓋的貓公寓舉家搬到新北市的二樓貓基地，一住，又超過十幾年。

一直沒想過買房置產，因為以台北的房價，小資女即使不吃不喝也存不到足夠的頭期款，加上照顧的貓口眾多，每月固定的花費龐大，原以為就是一直租屋下去，特別是遇到一位好房東，既包容我們養貓又不介意貓口數量，讓我們和貓的生活都充滿彩色泡泡。

然而，二〇一三年爆發出狂犬病，從野生鼬獾身上檢出，由於台灣超過五十年未曾發生狂犬病疫情，一時之間人心惶惶，有養動物的人怕家中毛孩被無辜感染，沒養動物的人則疑神疑鬼，把全部的貓狗都當成罪犯。

我們就是這樣被同住好些年的鄰居質疑抹黑，即使費盡千辛萬苦找到四處缺貨的疫苗，帶著全部的貓完成狂犬病疫苗注射，還擔心餵養在外已絕育的街貓會被人通報捕抓，想盡辦法收進屋內照護，鄰居仍不斷向房東太太抗議，甚至開始虛構罪名。照顧流浪動物在此時變成我們的原罪，連支持我們的房東太太也受到委屈，這才讓我開始認真思考，無論如何都要為貓咪們建立一個不會因為任何因素被驅趕、被迫搬家的永久屋。

有夢當然最美，但現實面還是必須考慮。在北部購屋是永遠實現不了的妄想，幾經盤算後我們選擇落腳花蓮鄉下，

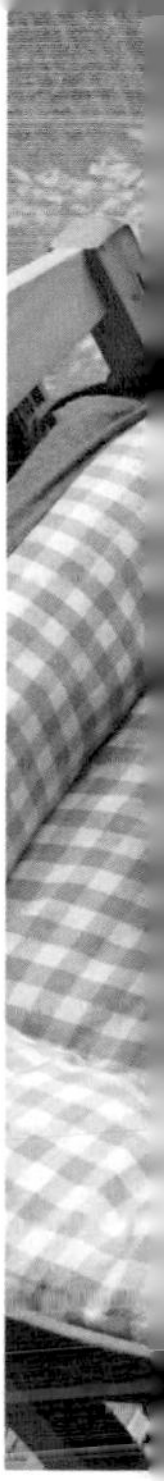

2｜1

1. 貓需要安定，沒有壓力的生活。
2. 為貓建立永久的家。

一來後山房價尚未炒高，二來花蓮的好山好水好空氣也適合年紀漸長的貓咪們養老。就這樣，我們用只能在台北買個停車位或一間廁所的價格，買下一戶房子，在花蓮的縱谷之中。貓房子從此不再是大城市中小人物的空想，而是能讓我們逐步塑造成形的願景；儘管我得費盡心機翻山越嶺地帶一群貓搬家，此後還要背上二十年的房貸。

有些人為新成立的家庭買一間房，有些人為孩子購入一棟樓。但我想，應該沒有人像我這麼傻，為了貓，買下一個家。

# 三十七隻貓的搬家大事

為貓搬家有如作戰，不但要研擬戰前攻略，還要妥善完備的沙盤推演……

很多人都搬過家，但你一定沒幫三十七隻貓搬過家。

搬家很花時間和金錢，一般人搬的是家具物品，找搬家公司最省事。但貓是家人，幫牠們搬家好比一場戰爭，什麼都得先預備好才行。

作戰首重計畫，研擬戰前攻略，準備好工具。首先得備好貓提籃——尋常人家準備幾個貓提籃不是難事，但一次準備三十七個硬式提籃可不簡單；接著，在每個提籃內鋪好大毛巾外加一件蓋毯，並在籠內滴上讓貓安定的費洛蒙；最後，準備好的提籃得收在貓不會看見的地方，避免讓緊張貓察覺到我們的意圖。

搬家前一週，我們用便條紙寫上每一隻貓的姓名、年齡、個性，討論進籠的順序，並把便條紙編號貼滿整個牆面，要求自己務必把當天流程背得滾瓜爛熟。

D-day，一早先去租車公司牽車，為了讓貓在長途運輸過程中感到舒適，我們特別租用最大台的九人座旅行車，而且還得兩台車才裝得下，於是請來朋友們一起開車和隨車照護。每台車一位司機加上一位隨車人員，好比貓咪頂級旅遊團。

聽起來如此大陣仗，但貓咪

搬家時有些貓咪還在被窩睡覺。

們還在暖被裡睡得糊里糊塗，全然不知道接下來的搬家大作戰。這是我們刻意所為：把舊家環境維持得跟平常沒有兩樣，不讓對環境很依賴的貓咪們嗅出任何異常，我們也穩定自己的心情，儘量把抓貓進籠產生的壓力降到最小。

準備好了，我與先生兩人一組，平常就是貓咪們最熟悉的照顧者，一個負責抓貓進籠，一個負責加強提籃安全，然後馬上搬貓上車。兩人一肩扛起前線作業，不敢找朋友幫忙，是因為陌生的腳步聲、不熟悉的臉孔，會讓貓咪產生恐慌，開始躲藏，行動反而更困難。

先從比較親人可以抱的貓開始，門開門關靜悄悄地，我們就搬了好幾隻貓上車。過了一會兒，有貓察覺到氣氛不對，開始四處躲藏。幸好這完全在我們的沙盤推演之中，兩人依舊保持安靜，持續一人裝貓一人搬，貓一放進提籃就移到車上，一隻接著一隻。

我們照顧的三十七隻貓，有不少很膽小或是不親人，所以沒有找到認養人就一直照顧著。原本擔心這些貓會你追我跑抓不到，或者奮力抵抗抓傷人，但可能我們的前置作業很完善，早早把會令貓咪產生壓力的因素降低，兩個小時後就很順利讓三十五隻貓上車。

每一隻貓都是我親手裝進提籃，把籠門關好再加強防護後，用大毛毯蓋住穩定貓咪，一隻一隻帶下樓，放進車內固定好的。我也安慰每一隻貓：「不緊張，要乖乖喔，我們要搬家了。」

幫貓搬家這一天，台北天氣晴，我們要出發了。貓居住十幾年的舊家依然是每天的日常樣子，只是空蕩蕩沒有了貓。新家早已準備好貓使用過、有著氣味的睡窩與毯子，等待貓咪們搬去住。

寫到這裡你一定發現，還有兩隻貓沒有跟著我們一起搬家，這又是另外一個故事。

LOVE
CAT

3 | 1 / 2

1. 貓咪們在新家過新生活。 2. 搬家時舊家都維持原狀。
3. 新家準備的都是貓熟悉的物品。

# 如果你養貓了

如果你養貓了，你的人生規劃不再只有自己，
為了貓，你開始種種改變……

如果你養貓了，你的家不再是你的家，人的物品會愈來愈少，貓物會成倍數成長；沙發直接被貓占領，還會把它變成流蘇藝術品；裝飾品得鎖在櫃子裡，面紙盒的正面要朝下；出入大門時莫名會習慣伸出腳，連送貨的黑貓先生都跟你學會了先關門再遮單簽收。

如果你養貓了，你的東西不再是你的東西。衣服一整年都是「毛」衣，襪子務必收好以免很快就滾到地上失蹤；電腦主機是最佳的保暖窩，電腦椅長年被貓把持，鍵盤上已經好久沒看到「Enter」和「Delete」鍵，無線滑鼠這小東西常常落在陰暗的桌底哭泣。

如果你養貓了，你的時間不再是你的時間。要分配清貓砂、餵飯、摸摸和陪伴的貓時段；上班前得趕著讓貓吃飽，下班後也要趕著回家餵飯打掃，同事朋友邀約得幾天前預約，以免亂了你的貓行程。大部分的假日，你寧可在家和你的貓窩到天荒地老也不想出門閒晃。

如果你養貓了，你去書店時最清楚寵物書籍區在哪，網路上看得最多的是貓影片；以前常逛的百貨公司不知何時變成寵物用品店，貓友們比你的朋友、同事還要來得熟悉有話聊。你的手機裡都是貓照片貓影片，你認識的貓網紅比人網紅多。你開始學煮東西了，還練習計算各項營養成分，但不是煮給親近的人吃，而是為了讓貓吃得健康，結果牠們還不太捧場。

愛上貓是遲早的事。

如果你養貓了，你的貓口不知不覺中增加起來，愛上一隻貓之後也想把愛分給其他貓，你開始照顧你周遭的街貓朋友。你的好市多卡是為了買貓乾糧和貓砂辦的，你加入各種社團以及看直播全是為了買到更划算的貓商品，你說出的「渴望」不是動詞的渴望，你想的「超越巔峰」也不是別人認為的「巔峰」，你自封貓奴，但在外人眼中，你仍是一個光鮮亮麗、能力卓越的上班族。

如果你養貓了，你的人生規劃不再只有你自己，你開始存錢為了貓買房買保險，錢包裡放著一張緊急聯絡人卡是可以幫你照顧貓的。為了貓不再遠行，為了貓不再頻繁搬家，為了貓動物醫院的聯絡電話背得比誰都熟，為了貓跟不愛貓的男女朋友分手，為了貓即使遠嫁國外也堅持帶著一起，若還沒遇到跟你一樣愛貓的另一半，為了貓你寧可單身一個人。

如果你養貓了，你會發現你的貓比你愛牠更愛你；總是守在你身邊，用最深情的眼睛凝視著你。你開始擔心貓老得比你快，你擔憂起貓老年或生病時的各項照護，你願意把你的陽壽分給你的貓，希望牠長命百歲。但貓的一生還是短短的十幾年，再怎麼不情願還是得放手，只留下你們曾經在一起的幸福時光，在你的腦海中不斷地播放。

如果你養貓了，你的一切都會與貓分享，且心甘情願。

1/2 1. 貓口在不知不覺中增加。2. 你的沙發不再是你的沙發。

# 愛的重量

愛的重量唯有努力付出過才能感受輕重。

愛的重量，是躺出來的。

不信你看看養貓人夜半的各種睡姿。正躺胸前睡著一隻大橘白、側躺曲線正適合三花貓的慵懶、頭頂黑白面具貓占據三分之二的枕頭、左側臉白貓右側臉黑貓、變成O形腿的中間還躺著兩隻虎斑貓。最怕此時如海嘯般的大肥橘從肚子踩過，尿急又無法移動的時刻才能真切體悟愛有多重。

愛的重量，是扛出來的。

人就醫，帶張健保卡和錢就可以；貓就醫，得準備堅固的硬式提籃，還愈買愈大，沒裝進貓就重達兩公斤。通風、安全是基本要求，容易把貓塞進去和拔出來是設計重點，還得防止籠門沒關牢被撞開。費盡千辛萬苦終於把貓關進籠，一面得安撫正在鬼叫不安的貓，一面還得準備抓第二隻。

多貓家庭帶貓看醫生是日常，一手扛一個提籃，背後還能背一個，騎著機車上路像是雜技團上街做演出宣傳，伴隨著兩隻貓沿路吶喊。終於安全到達動物醫院，最怕一打開門，啊！滿坑滿谷等待看病的人和動物。

愛的重量，是比較出來的。

養的貓愈多，思維模式就愈像貓，金錢單位會自動轉換成貓罐數量，一千元可買幾個貓罐呢？如果機智問答題目有這一道，我相信只有養貓人能不加思索地脫口而出。

每一個人口袋裡一定有一長串購物商店資訊，A店的貓砂比較便宜、B店的乾糧常常特價、C店的罐頭買十送一、D店滿兩千送便利商店禮券。網路直播搶貨不能思考太久，直播主利用倒數計時的技倆徹底摧毀我們的理智，收到貨的時候只好安慰自己：「真的有比較便宜耶。」貓食存貨塞滿櫃子，門關不起來，最怕這個時候手機響起黑貓宅配先生的來電。

愛的重量，是一步一腳印養出來的。

被人裝在紙箱丟到路邊的奶貓體重才八十克，三到四小時得餵奶一次，還要注意體溫、活動力及排泄狀況；記錄本上的體重欄最好每日增加，餵奶量要西西計較。經過一個月的黑眼圈加持，把奶貓慢慢拉拔長大，過程是辛苦的，成果是甜蜜的。奶貓失去了親生的媽媽，如果能得到人媽媽的悉心照顧，一樣有機會活下來。沒奶貓經驗沒關係，最怕的是看到需要幫助的動物卻轉身離去的冷漠。

愛的重量，是責任加上用心減去金錢的付出，是快樂加上傷心減去擦掉的眼淚，是勞力加上腦力減去汗水，是義無反顧加上憐憫減去猶豫不決。愈愛，愈感受到壓在心中的重量；愈愛，失去的時候心愈被掏空；愈愛，愈希望所愛永遠存在。

愛的重量，只有努力付出過才能感受那輕重。

2 | 1
3

1. 二十五天大的咪醬。2. 準備貓食貓物絕不手軟。
3. 十歲的咪醬重達 10 公斤。

# 其實我們不懂貓

不知道貓想什麼又何妨？你只需要理解貓是獨立的生命個體，不全由我們擺布操控。

市面上貓罐的品牌、口味上百種，你的貓喜歡哪一種？

每回看到新品上市想嘗鮮，又怕貓主子不賞臉；先買個一罐試試水溫吧！一開罐不到幾分鐘眾貓一掃而空，隻隻舔舌抿嘴顯示意猶未盡；再接再厲多買個幾罐，仍是爭先恐後非常受貓青睞。從貓的反應給足你下手的勇氣，半夜上網搜尋比價找得眼冒金星，終於找著價格優惠還口味齊全的賣家，見機不可失馬上下單買好買滿，花錢花到洋洋得意還夢裡偷笑。

幾天後終於等到宅配先生汗流浹背扛著重重一大箱按鈴登門，趕緊拆箱開罐擺盤為每個房間的貓送餐，以為會看到夢想中貓咪大胃王比賽的畫面，結果大家吃了幾口就意興闌珊；明明跟前幾天吃的是一模一樣的牌子啊！現在卻剩下一堆，還有貓開始做起埋砂的動作。貓奴以為幫貓上子找到最美味的罐頭，沒想到貓唯獨不吃的是你花大錢買來的這一種……。

養貓久了我們都很清楚，想盡辦法弄來的貓物，貓可不一定會賞臉。軟綿綿如同雲朵一般的睡窩，商品標榜著又暖又能包覆，保證讓貓睡個好覺，顏色還繽紛如馬卡龍。可擺了幾天，貓咪一點都不想踏入那個圓窩裡，走過路過就是不

前腳站後腳躺令人百思不解的貓動作。

1/2 1. 躺在衛生紙上真好睡。2. 什麼貓物都比不上一只破紙箱。

曾踏進過，倒是那裝著高價睡窩寄來的紙箱，貓又抓又躺早晚都在裡面呼呼大睡……。

與貓在一起生活的日子，總覺得貓老師隨時會出一題考題難倒我們，原以為自己勤買並熟讀坊間各式介紹貓疾病、行為的書籍，又常常回答著貓友各式各樣的提問，也都能侃侃而談，還能適時地提供見解及建議，感覺自己好像真懂貓。但當照顧的老貓被醫生診斷出腎衰竭、糖尿病或者罹患癌症時，即使已經照顧貓多年的我仍會感覺心慌，自責自己在哪個時間哪個環節沒能注意到貓的異常。生病的老貓此刻邊呼嚕邊磨蹭著你的手，彷彿在告訴你別擔心，牠會一直與我們同在。生老病死的課題，貓老師早在日常中無條件親授你。

有時候在徬徨無助時，也曾想過是不是找位動物溝通師，想知道我的貓究竟在想什麼。後來卻放棄了，我不否認冥冥之中有些神奇的力量，或有少數人本身具有某些能力，可以做到一般人類做不到的事情，只是我決定要相信跟貓最親近也最熟悉貓的自己，以及專業動物醫生的判斷，而非依賴動物溝通，如果你都不願意相信自己了，怎麼讓貓咪信任託付牠的一生給你？

其實不知道貓想什麼又何妨？就像我們不會全懂得身邊的家人、伴侶、摯友每一個人的想法。你只需要理解貓是獨立的生命個體，並不是人的附屬品，不全由我們來擺布操控，就像生活在一起的夫妻，有時候黏膩，有時候還是會需要有各自的空間，只要心中永遠有對方的存在就好。

善待我們身邊的每一隻貓，如同簽下結婚誓約般的重要，用真誠的眼神看著貓，對牠說出以下的話語：「無論是順境或是逆境、富有或是貧窮、健康或疾病，我將永遠愛你、珍惜你直到地老天長。」倘若這時候你愛的貓賞你一記長長的抓痕，別哭泣，別氣餒，只要笑笑的說，其實我們真不懂貓啊！

桌上看到翻肚貓。

# 街貓變家貓的由美

我們用幾年時光讓由美體認，當家貓還是比當街貓好。

由美，是一隻街貓的名字，來自於日文發音的ゆみ。

街貓與家貓的分別，從字義簡單翻譯，一個生活在街頭，一個安養在家中。延伸而言，一隻街貓必須自行尋覓食物，閃躲會危及生命的人群、車陣或者天敵浪犬，自己的貓同類有時也是一種威脅；牠必須時刻警戒、步步為營，光是努力活著就耗費全部的心思與體力。

街貓從幼時就被母親教導要遠離危險，人類對牠們來說也代表著危險。不親人與其說是天性，更像是一種自救的養成訓練，一隻從沒跟人類接觸的街貓，從害怕的逃離，到張牙舞爪的威嚇，再到伸手攻擊試圖接近牠的龐然大物，都是街貓的正常反應；不，應該說是正確保護自己的方法。

我第一次見到由美的時候，小小一隻的牠正翻著垃圾找食物吃，一看到人靠近就衝出跑走，也不管疾駛而來的大車小車，在車陣中四處逃竄，嚇得我腿軟。當下就決定無論如何都得想辦法抓住牠，以免發生無法彌補的意外。在幾個深夜裡耐心守候，並善用誘捕籠捕抓工具，肚子餓昏的小橘白貓終究無法抵擋貓罐的香味入籠。送到動物醫院進行初步檢查，醫生說牠的年紀大約三、四個月大。

通常一隻街貓如果超過三個月大沒有跟人類接觸過，馴服成功的機率就非常低——這是網路上說的，若沒有嘗試，又怎麼知道不會成功呢？對我而言，是花上幾個月的努力；對街貓由美來說，可能是一個可以成為家貓的機會，不再需要為了生活擔憂，也不需要餐風露宿。若真的無法被馴服，也會有我的照顧直到終老，最多變成一隻在家裡生活的街貓吧。

從美食開始，一步一步慢慢降低由美心中的防衛。三個月過去後，進度有些停滯，檢視這段期間的各項親人訓練，發現由美喜歡我先生的餵養

街貓變家貓的由美。

多過我，看待雙方的眼神和反應也不同。於是，以往由我主導的馴服，這次改由先生接棒。每一隻街貓喜歡的東西都不同，我們得找出關鍵，再利用街貓最愛的方式慢慢加強與人建立親密關係，馴服街貓的練習得因貓而異。

先生接手繼續馴服由美，這小妮子果真進步飛快，沒多久就可以出籠和其他貓學習相處，但我還是碰不到牠。雖然對於由美只接受先生的照顧，不願意接納我有些傷心，但只要牠好好的，不喜歡我又有何妨。

一轉眼，從第一次見到由美到現在已經九年過去了，由美愛我先生仍多過愛我，但我也能摸能抱牠了。我們用幾年的時光成功讓由美體認，不是一定得用又抓又咬的方式來武裝自己，呼嚕呼嚕也能過日子；每天飯來張口，有僕人打掃清潔，當家貓還是比當街貓好。

不過，也許已經變成家貓的由美是這樣想的：在外面生活如此辛苦，自己得花雙倍、千倍的力氣才能活下去，不如放鬆吧！人類以為馴服了我，其實是被我馴服了；就讓人類以為自己贏了，其實是徹底的輸了，甘心做個貓奴。

# 醬醬的貓枕頭

媽媽第一次看到醬醬的時候，彷彿看孫女愈看愈有趣。很快地，我收到媽媽做給貓孫女的貓枕一對。

我對媽媽說：「幫醬醬做個貓枕頭吧！」媽媽連問了三次：「貓會睡枕頭嗎？」然後不可置信地一直搖頭。

醬醬是一隻白底橘點點貓，今年已經十歲多，雖為女生卻長得比公貓還要健壯，曾經六次捐血幫助其他病貓，被動物醫生稱讚是個健康的乖寶寶。

時間回到十多年前，那是個炎熱的夏日清晨，一群國中生正在清掃操場邊的雜草樹葉，其中一名學生發現水泥地上似乎有個不明生物發出微弱的聲音，往前一看，竟然是一隻未開眼的白色小奶貓，學生們捧著小貓跑去找老師。沒多久，老師開著車從基隆急匆匆地跑來找我求救。

第一眼看到牠時，小奶貓還睡得迷迷糊糊，渾然不知自己剛經歷一場生死交關。的確是生死交關啊！一隻小奶貓不明原因出現在水泥地旁的草堆裡，不知道是貓媽媽忘記牠了還是被人毀窩丟棄？牠孤單躺在草堆裡的時間不知道有多長？基隆多雨，也許牠會被大雨澆淋，若不是學生剛好在清晨看到，小奶貓留在原地，再被夏日太陽直曬……，簡直不敢想像結果會是什麼。而此刻，小奶貓在我手中睡得像天使。

每四到五小時要餵奶一次，喝一次奶得花上一個小時，真是隻超級難照顧的小奶貓。我用日語中稱呼小孩的「醬」來取名，喚牠醬醬，疊字意味著簡直是小孩中的小孩，算是我奶貓生涯裡難照顧的前幾名。小小年紀的牠還曾被醫生宣判有腎臟發育不全的先天問題，還好醬醬順利長大了，長成白白胖胖頭好壯壯的巨貓。

媽媽第一次看到醬醬的時候，直呼：「怎麼這麼可愛？」猛把醬醬抱在懷中，彷彿看孫女愈看愈有趣。雖然口中嘟囔：「貓怎麼會睡枕頭？」但很快地，我就收到媽媽做給貓孫女的貓枕一對。

每天睡枕頭的醬醬。

醬醬果然馬上試用起來，擺出各種姿勢，斜躺、正躺、抱著躺，把貓枕睡成天底下最高級的享受。我連忙把各種姿勢一一拍照傳給媽媽看，媽媽從不可置信變成開懷大笑，緊接著設計起更多款的貓枕頭。我用鉛筆畫個月亮造型的貓枕，手機連線傳給媽媽，媽媽照形狀剪布，用縫紉機縫出貓枕，再請郵差先生限時專送，請醬醬試躺發表使用心得。如此往返數次，終於做出一款超級適合貓使用的超級貓睡枕，並限量生產。第一號試用員當然不能虧待，醬醬的貓枕頭不但堆滿了床，還能排成紅毯。

如果說貓一天睡覺時間超過二十個小時，我敢說醬醬睡貓枕頭的時間肯定超過十小時，牠就跟人一樣有自己的床、自己的枕頭。晚上熄燈前，只見牠咚咚跳上大床，躺在專屬於牠的小床上，頭靠著外婆為牠量身打造的貓枕頭，睡得像個天使。

看著醬醬熟睡的臉，我很慶幸十多年前學生、老師和我一起合力救起牠。也許小小人物改變不了這世界對待流浪動物的態度，但我們，改變了醬醬的一生，這樣就很足夠。

1. 抱著心愛的貓草魚。
2. 大小枕頭一應俱全。

# 黑貓白貓都是好貓

不管你的貓花色如何，
一旦成為你的貓就是世上唯一最好的貓。

貓房子的住戶全是貓，而且花色繽紛，黑貓白貓虎斑貓三花貓乳牛貓賓士貓橘白貓，可別漏掉還有花到最高點的玳瑁貓；這可不是我們挑來的，貓中途只會視當時緊急的狀況來評估，哪可能因為花色、品種、個性來挑救或不救。

經手照顧貓咪這麼多年後，對於不同花色貓咪的個性，我有自己的一套觀察心得。全橘或橘白公貓堪稱貓界中的暖男，雖然很容易不小心吃得又大又胖，但個性溫柔愛撒嬌愛黏人，也常深受其他女貓的愛戴。橘白母貓則比較專情，會認定誰是牠的真命天子。全橘母貓個性較為強悍，彷彿男性靈魂不小心裝進了女性的身體，是女漢子來著。

白貓很容易活在自己的世界裡，雖然可以跟其他貓咪相處，但牠們還是想要有自己的空間，即使當邊緣貓也無所謂。黑貓常被外界以為愛裝神祕，其實牠們非常愛刷存在感，也常常搞笑，是沒有什麼心機的貓。

有著黃白黑三色的三花貓比較容易有公主病，病情通常會因為受寵程度不一，有的哄一下即可，有的得捧在掌心或懷中呵護，但通常貓奴都會心甘情願地臣服。有些三花貓除了有公主病之外還是個大姊頭，對於不乖

比較有公主病的三花貓。

的貓手下會適時教訓，在貓界中的地位不容小覷，無論在家裡還是在街頭。

白底加上黑色塊如同乳牛的黑白貓有著自己的牛脾氣，說一不二也愛恨分明，喜歡你會追著你跑，表現十足熱情；但不想理你的時候即使獻上多少殷勤也會愛理不理。另外頭上有著如賓士車標誌般對稱黑色塊，被人暱稱為賓士貓的黑白貓，則是比較難駕馭的貓，你得先得到貓的認同，牠才會全心全意愛你，否則你們可能會是兩條無法交集的平行線，正如賓士車不是人人都有能力駕馭。總結來說黑白貓個性比較兩極，不是個性極好就是極度不理人。

花到最高點的玳瑁貓非常聰明，也非常善於偽裝，牠們會觀察找出環境中最有力的靠山，然後跟緊靠山；靠山可能是人也可能是貓，是「識時務者為俊傑」的最佳代表。

棕色虎斑貓則維持中庸之道，牠會愛你但牠可能更愛自己。白底虎斑貓有點白目，會挑戰主人的底線，愈不想牠去做的事情牠會故意為之，通常讓主人又愛又罵。

以上是我當了二十年貓中途，經手照顧多貓後所歸納出的貓花色貓個性，純屬個人意見，也許不一定跟你的貓吻合。我照顧的貓多為米克斯貓，即使米克斯花色可以分類，但每一隻米克斯貓都有屬於自己獨一無二的特徵及性格。

不管你的貓是黑貓白貓虎斑貓三花貓乳牛貓賓士貓橘白貓玳瑁貓，一旦成為你的貓就是世上唯一，也不要對貓花色有所迷思，貓就是貓，不管什麼花色都是最美麗的，只要你用心去看；每一隻貓都是世界上最好的貓，只要你用心去愛。

1. 愛搞怪的三花貓小六。
2. 喜歡活在自己世界的白貓捲捲。
3. 賓士貓牙牙愛恨分明。

# 你的名字

每一隻貓來到我們身邊，我們都會為牠取一個專屬名字。取了名字，牠就不再只是一隻孤零零的「貓」。

每一隻貓來到我們身邊的第一件事，就是要為牠取一個名字。很多人生命中的第一隻貓，名字不是喵喵就是咪咪或喵咪，隨收養的貓愈來愈多，名字也愈來愈有貓自己的樣子。

某年九月中秋節前的深夜，在貓公寓附近的公園撿回落單的小三花，因為一見面就熱情地在我身上踏啊踏，所以取名「踏踏」，沒想到隔天又在住家附近發現受困車底的小貓，趁著中秋明月又大又亮，我很快找到如同黑炭般的小黑貓，於是「月光」成了牠的名字。兩天內撿到兩隻小貓，這貓雷達也感應太強，貓名合起來正好是「月光踏踏」，堪稱我取過名字中最浪漫的。

從小貓顧到老貓的月光。

街貓黑糖糕又懷孕大肚子，先前生的小孩都陸續夭折，這次鐵了心要讓牠住進貓中途安心待產。沒多久果然順利生下五隻小貓，因為奶水充足吃得好，小貓咪都順利存活下來。面對一次得幫好幾隻小貓取名，真讓我們傷透腦筋，於是發展出「系列貓名」取名模式，黑糖糕生下的小貓喚作「幸福寶貝花」——幸兒、福兒、寶兒、貝兒和花兒；另外一隻全橘斑的街貓媽媽在動物醫院生下三隻也是全橘斑的小孩，我們接手照顧後幫貓媽媽取名虎娃娃，小貓則分別叫作「未來」、「永遠」、「幸福」，這是來自中途媽媽最深的祝福。

最常接收的貓是一整窩被人裝在紙箱丟棄路邊的小奶貓，隻隻瘦弱眼睛都糊起來，牠們已經沒有貓媽媽照顧，如果人們還視而不見就只能無助等死。我們不知收過幾窩這樣的小奶貓，每三到四小時就要餵奶一次，半夜還得設鬧鐘提醒自己別睡過頭。一邊上班一邊充當貓奶媽的日子，除了靠強大意志力，希望小奶貓順利長大的心願是最重要的動力來源，我們陸續拉拔大兩週齡的「DoRiMiFa」——朵朵、蕾蕾、蜜蜜、發發；奶大從淡水來的四天大「咪醬」、從基隆來的十天大「醬醬」、從收容所搶救出來約兩週大的「幸福永遠」——小幸、小福、小永、小遠，以及數十隻跟上天拔河搶回生命的小奶貓們。

有時候想破頭也生不出名字時，數字是最好的選擇。比如被一隻黃金獵犬在散步時尋獲的生病小貓「三三」，就是在三月三日發現的；在花蓮遭逢暴雨淋到奄奄一息的小三花貓「小六」，其實是在六月一日被救起的。某年應萬芳高中老師請求協助誘捕

朵朵和三三被一對夫妻認養。

曾經受過重傷的黑白貓釀釀。

街貓絕育時，高中生從正在把玩小貓的國中生手上搶救下兩隻兩週大的姊妹貓，因高中生們有一個是五班，一個是七班，索性取名叫「小五」和「小七」，一不小心就快湊成數字一到十。

每一隻貓來到我們身邊，我們都會為牠取一個專屬名字，照顧中途超過五百隻貓以上的我們，每個貓名如數家珍，因為取了名字，牠們就不再只是一隻孤零零的「貓」。我對著下巴脫臼右腳骨折，全身是傷好不容易撿回一命的黑白點點貓說：「你的名字叫釀釀，從今而後你是有家人的貓，我們會保護照顧你直到生命結束的那一天，請記得你的名字。」

請記得，我們是你永遠的家人。

被學生救起的小五長大後。

# 呼嚕嚕

貓的呼嚕聲，像從喉嚨處持續發出的一種頻率，
不僅安慰了自己，也安慰著人類。

二十年前第一次從街頭把一隻小貓帶回家時，我還是個對貓什麼都不懂的新手。第一次從小貓身上聽到類似咕嚕的聲音，我以為小貓生病了，著急衝到動物醫院去，跟醫生說我的貓好像罹患氣喘，氣管不斷發出怪聲。醫生笑著跟我說，那是貓咪才有的神祕聲響，小貓在診療檯上一邊呼嚕一邊看著我和醫生。

貓的呼嚕聲，像是從喉嚨處持續發出的一種頻率，咕嚕咕嚕，咕嚕咕嚕，碰觸貓咪的身體則會感覺到震動。近期有科學研究指出，貓咪的呼嚕聲可能來自貓咪胸腔的血液震盪，而非喉嚨。這神祕的生理現象通常出現

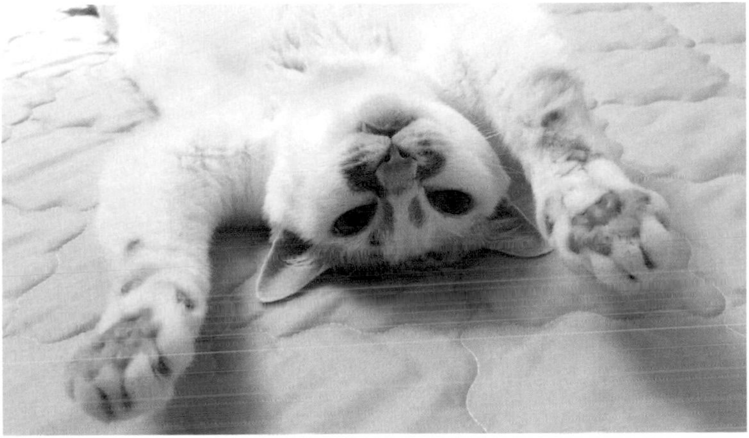

每天都翻肚呼嚕的醬醬。

在貓咪愉快、得到滿足的時候，像在幫貓咪按摩時、餵食或者玩樂時。原因可能源自於小貓還在媽媽肚子中或哺乳期，呼嚕呼嚕是親子間的互動，是一種愛的語言；母親呼嚕是叫喚，小孩呼嚕代表著回答；也像是一種開關，一呼嚕就能感受到美好與溫暖。有些貓在呼嚕時還會搭配腳掌踩踏，如同小奶貓按摩媽媽乳房幫助泌乳，貓奴們稱之為貓按摩。有些小貓很早離開媽媽，口腔期沒有得到滿足，在呼嚕正高興的時候還會出現吸吮動作，彷彿待在媽媽溫暖的懷抱中。

曾經受虐過但現在很愛呼嚕的黑白貓酒酒。

有的貓一跟人對上眼立刻就會呼嚕嚕，但也有從來不呼嚕的貓；有的貓因為曾被人虐待，對人類產生畏懼，從此把自己的心鎖進象牙塔裡不願意互動。

我們照顧過一隻曾被男主人抓起來撞牆的黑白貓，接手時口中已經沒半顆牙，黑白貓一開始很害怕人的觸摸，總是縮著身體，也沒聽過牠的呼嚕聲。照顧一段時間後，似乎理解我們絕不會傷害牠，有一天主動靠近，用頭磨蹭我的手，然後我聽到那天籟般的聲音。我相信牠已經從那段不堪回首的恐怖經驗中走出來了。現在牠非常享受老年平靜的生活，很愛撒嬌，每天都在呼嚕。

貓高興時會呼嚕嚕，其實貓在緊張、焦慮或者身體痛苦的時候也會呼嚕嚕。動物醫生說這是貓咪在遭遇環境的突變，或者遇到無法解決的問題如生病時，試著安慰自己的方式，用呼嚕聲跟自己對話，告訴自己不要怕，鼓勵自己一定可以度過難關。

貓咪的呼嚕聲不僅安慰了自己，也同樣安慰著人類。每晚準備入睡，枕頭邊已經躺好陪睡貓，左邊一隻、右邊一隻，頭上還有一隻，三隻貓的呼嚕聲此起彼落，是一種安定的頻率，比任何安眠藥物都能幫助睡眠，只要最胖的那隻貓別來壓住胸口，絕對一覺到天明。

我常把第一次誤認貓咪的呼嚕是氣喘發作的經驗，分享說給養貓新手聽，也很謝謝當時的醫生認真教導我有關貓咪呼嚕的由來；當我累積更多養貓經驗後，從不覺得新手提出的問題無知可笑、不值一答，反而願意分享更多照顧貓的經驗給養貓新手同伴，因為我想讓他們感受到如同貓呼嚕嚕般的愛的語言，就像當年我從動物醫生那裡得到的友善和溫暖。

# 為了貓不遠行

這幾年隨著照顧的貓愈來愈多、愈來愈老，
為了貓，我已不再遠行……

日本京都四季都有好風景，春天的時候，祇園新橋上可以欣賞到最美的櫻吹雪，運氣好的話，還能與穿著木屐的藝妓擦身而過；哲學之道的小河流，水面上鋪滿櫻花花瓣，充滿粉紅色的浪漫。

夏日，除了可以到嵐山竹林間散步，也適合至神社廟宇享受清涼的微風與寧靜；秋天的楓紅，是一大片一大片渲染開來的，穿著和服漫步在清水寺的二年坂、三年坂、花見小路，左手拿著抹茶冰淇淋，右手拿著醬油丸子，邊走邊計畫著等一下要去品嘗湯豆腐；冬天，最期待金閣寺白雪皚皚，大雪中一片金閃閃好莊嚴，再找間溫泉旅舍享受泡湯後的豐盛日式料理，還沒回國已經想著下次的出遊。

我們的旅行不全是看風景，更多時間在看貓。京都若王子的橘白貓大軍，有著日本貓特有的圓滾滾身材，愛與人互動，我們常常為了看貓打盹，一坐就是一個下午，看到日落西山才甘願。沖繩的街貓也不少，市區公園走著走著就能遇到一群又一群的街貓，愛貓人士拿著乾淨的飲水、貓乾糧、罐頭，讓牠們飽餐一頓，街貓們則回報打滾、呼嚕和磨蹭。後背包裡放著剛去便利商店採購來的零食，被鼻子靈敏的虎斑貓發現了，抬頭眼巴巴地望著，讓我恨不得再去多買一點給牠們享用。

日本的街貓要搭飛機才看得到，澎湖的街貓也是。錯開人群，我們在三月拜訪澎湖，風仍大，但適合在小巷弄穿梭。澎湖的貓多是在旅行期間加總得知的，這條巷原來住著三隻貓，那條弄也住著五隻貓，連四眼井古蹟都有成群結隊的貓來朝拜，古城牆邊更掛上整排的貓臉浮球風鈴，眾貓喧譁。

不過，這些旅行的片段，在我照顧的貓愈來愈多、愈來愈老時，慢慢變成回憶；為了貓，我已不再遠行，結婚蜜月也放棄了出國計畫。

讓貓留在家裡請人來照顧對貓來說最安心。

老貓不適合帶出門長途奔波。

或許養貓的你不需要像我如此極端，但出遠門前也得先為你的貓找好照顧者，無論是聘請到府保母或是送貓到貓旅館都可以；如果你的貓有慢性病，找個專業的動物醫生幫忙照料會比較妥當。有些貓到陌生環境會非常緊迫，準備好平日常吃的食物和一條有牠味道的被子，可以讓牠更安心。到府保母和貓旅館都要慎選，各項照顧備忘也務必交代清楚，千萬不要出國前才匆匆忙忙打包貓，忙亂中最容易出錯，貓的壓力也會倍增。

雖然為了貓不再遠行，但我和先生的輕旅行還是可以繼續。選擇半日內往返的景點，出門前先打理好貓咪的一切，並透過手機遠端遙控室內溫度、監控貓的活動空間……，總是一定要貓咪們都健康，我們才能放心地去看看山、看看海，並期待在旅行中遇見貓。

只要有貓，不遠行又何妨。

# 鬼壓床？

如果你是很怕鬼的人，建議你養一隻貓。
養貓久了，什麼靈異事件後來都證實是貓幹的。

農曆七月鬼門開，電視電影網路上鬼影森森，滑個手機都能看到各式各樣飄來的好兄弟，有奇怪的洋娃娃、從來不剪頭髮的小姐、戴著詭異面具的怪人們，不講個鬼故事，好像不夠應景。

一位朋友跟我提及最近發生的靈異事件：下班後只有她一人的辦公室裡，已經關閉的冷氣突然運轉起來，頓時一陣寒意……。我也迫不及待告訴她最近遇到的奇異事件：我一個人在房裡睡覺，已經關掉的冷氣不但自己啟動，溫度還愈來愈低。更可怕的是，我睡覺時常感覺胸口被重物壓得難以喘氣，總得努力掙扎，側身後才稍微鬆口氣。

這是什麼鬼?調皮鬼還是開心鬼?是他們壓床了嗎?

真相是,冷氣遙控器被貓踩到開關運轉了,貓索性坐下來,大屁股壓著溫度鍵一路下滑。半夜熟睡之中,有隻胖橘貓爬上我的胸口呼呼大睡,九公斤的體重要人如何順暢呼吸呢?

自從開始照顧貓狗後,最大的收穫就是不再怕鬼。為什麼呢?因為逐漸習慣各種不可思議無法解釋的事件,例如幾隻貓一起盯著空無一物的天花板看;一群貓突然群起狂奔又馬上停下來沒事狀。養貓日久,什麼靈異事件後來都證實是貓幹的,如一開始說的鬼壓床原來是貓想陪人睡;電風扇忽開忽關原來是貓不斷碰到底座按鍵;半夜聽到如虎姑婆吃人的聲響,原來是貓在啃咬我的長髮;早上起床後發現臉上一道滲血傷痕,原來是深夜有兩隻貓追逐玩耍,從我頭上狂奔而過的傑作。

貓奴家中有各種物品若平白消失,不用懷疑,肯定是被貓玩到沙發下、櫃子底,不然現在就把沙發搬開來,搞不好會找出最心愛的口紅、消失好久的銀行印章,以及指甲剪⋯⋯。諸多憑空消失物中我聽過最神奇的是護照,

斜眼看人的貓。

靜止不動放空的貓。

大概是貓不想主人拋家棄貓自己跑去國外度假快活，所以幹下好事。

如果你是個很怕鬼的人，建議你養一隻貓，不管深夜中出現奇怪聲響，還是物品不明掉落或翻倒，面對各種匪夷所思的事情，都會覺得是貓做的，也就不會再怕鬼了。

在動物的世界裡，最怕的不是鬼，是比鬼還可怕的「人」，是會無故傷害動物生命的「人」；是不容許動物與人共享環境土地非要趕盡殺絕的「人」；是動物老了殘了就把牠們棄養到收容所的「人」；是養了動物後卻沒有盡到照顧責任的「人」。

若問每天半夜出門餵貓的街貓照顧者，他們最害怕什麼？答案絕不會是鬼，而是醉漢、色情狂、阻擋餵街貓的鄰居，或者惡意傷害流浪動物的陌生人，「人比鬼還可怕」是他們共同的心聲。

農曆七月鬼門開，今晚眾貓又目不轉睛盯著遠處的雪白牆壁一直看著……，啊！等一下，我也看到了，原來有一隻蚊子！

貓怕怕。

# 貓族人

貓族人隱身在各行各業、各個年齡層中，不容易輕易辨別。他們通常有通關密語……

噓！安靜地聽我說，這個世界有一種人叫貓族人。

這個族群的人平常不容易辨別，他可能是大學教授、國中老師、報社記者、水電工、作家、新娘祕書或是早餐店老闆，隱身在各行各業、各個年齡層中，除非你身為貓族人一員，否則很難發現他們的蹤跡。

嘿！我現在偷偷告訴你如何找出貓族人。他們身上一定有著貓族信物，可能是包包的吊飾、身上的飾品、衣服上的圖案、手機的保護殼、來電時的喵喵鈴聲，甚至於隱藏在手腕上的刺青，每一樣都是貓圖騰。

他們愛自稱「貓奴」或「貓僕」，稱家中的貓為「貓主子」、「貓大人」，家中滿是貓咪的玩具、睡窩，一有新奇的貓食或貓物，馬上買來求貓主子賞臉。手機相機裡全是貓的照片，躺著、窩著、睡到流口水的全部攝入，絕不錯失，手機待機畫面除了貓還是貓，彷彿迫不及待告訴全世界：我最愛的是貓。

貓族人的衣上肯定藏著貓毛，因為貓族人成天只想跟貓賴在一起，因此累積出衣物上的貓毛含量。低調的貓族人擔心衣服上的貓毛在社交時洩漏祕密，於是家中各處和隨身包包中都備有神祕的「卷軸」，上班前一定要用卷軸在門口舉行神聖儀式：黏貓毛。貓族人若沒有完美地將貓毛徹底清除，一旦混入人群，縱使旁人不易發現，其他貓族人也能將其一眼看穿，還能依據毛色推敲，此人養的是黑貓白貓橘子貓還是三花貓。

貓族人不太主動與人攀談，特別是不熟悉的陌生人，但只要出現貓族人的通關密語：「我家的貓啊……」，話匣子就停不下來，吃什麼、用什麼、玩什麼，什麼都能聊。他們身上還有著濃濃的貓味（不是真的味道，而是一種形容）。貓味是什麼呢？可能是像貓一樣很愛睡覺；像貓一樣愛恨濃烈；像貓一樣勇於表達最真實的自己，喜歡就喜歡，討厭就討厭；像貓一樣受傷時會躲起來療傷，不讓其他人看見。

貓族人中有一群人更加可貴，他們除了愛自家的貓外，還「貓吾貓以及天下之貓」，想幫助更多的受難生命。他們會主動做起貓中途、收容所志工、餵養照顧街貓、執行街貓 TNR（TNR 是英文 trap 捕捉、neuter 結紮、return 放回的縮寫）、幫街貓打好社區關係。

貓族人們一天同樣只有二十四

愛貓人絕對什麼都要有貓。

小時，卻甘願犧牲睡眠為小奶貓餵奶，半夜上街給街貓飽餐一頓，遇到受傷的貓二話不說就送醫，出力又出錢。他們全然不是為了自己，只為一個單純的意念，想給這些受苦的貓有一個被愛的機會。

噓！安靜聽我說，我也是貓族人。跟我一樣對貓毛過敏，卻仍執著照顧一大群貓的同伴大有人在，我們的每一天都在打噴嚏流鼻水眼睛紅皮膚癢中度過，但還是覺得貓真可愛，狂抱狂親，這是一種貓族人普

貓族人為貓採購絕不手軟。

遍罹患的「貓中毒症」，通常不太容易治癒。

最近有愈來愈多人想加入這個行列。成為貓族人的門檻只有一個，就是「真心對貓好」。條件看似容易，真正執行起來可不簡單，首先，忍受生活上的改變是入場券，不離不棄則是必須遵守的信條，因為貓是活生生的，心會跳動著，唯有真心對貓好，才能成為真正的貓族人。

嘿！你是貓族人嗎？我真心希望你是。

貓正在說我愛你。

每天跟貓混在一起的貓族人。

輯2

# 當人遇見貓

# 與貓的距離

我與貓的距離一開始是遠觀，一步一步我往貓的方向慢慢靠近，然後一起同行。

我與貓的距離，一開始決定在貓。

從遠遠欣賞開始。住家附近有位老婆婆會餵養街貓，貓總在老婆婆打開家門時才會出現，駝背的身影旁幾個小黑影緊緊跟隨，但在我靠近時一溜煙不見，這是我與陌生街貓的距離。

從一隻街貓媽媽開始，慢慢照顧起一個街貓家族，有喵媽、喵哥、喵弟，從放下乾糧人得走開才有貓敢靠過來吃飯，到設立一個固定的餵食箱防風防雨，最後我的摩托車從遠遠的巷口轉進來時，就能看到一群貓向我狂奔而來，這是我與我的街貓朋友的距離。

某天半夜我帶回一隻生病的小貓，這是我人生的第一隻貓。從沒養過貓的我把牠當成我的第三隻狗，不但學會坐下、握手，還會趴下。後來才知道，不是每一隻貓都能這樣訓練，但我的第一隻貓給我太多美好，於是瘋狂愛上貓；愛上一隻貓後，也想讓更多貓能得到愛與保護。

我與貓的距離，慢慢變成人為主導。

除了街貓照顧者外，我也開始做起貓中途。遇到需要幫助的奶貓、小貓、生病貓、老貓、迷路貓、路倒貓，帶牠們就醫、提供牠們一個安養休息的住所，等待牠們恢復健康，然後為貓咪找一個永遠的家。

從一個小小貓中途開始，慢慢集結網路上一群做著同樣事情的人，照顧愈來愈多受難的貓。但發現動物收容所裡還有更多受苦的貓，於是走入收容所，沒有考慮太多，只是單純想著，能幫一隻是一隻。那時我跟貓的距離，是牢籠和自由的差別。

隨著照顧收留的貓愈來愈多，肩上的責任愈重，我開始認真思考未來。不能自私地只考慮眼前，貓會老，人也會老，誰比誰先走沒個準，那就得

不要強迫貓，讓貓自己慢慢靠近。

把貓十幾年的歲月計畫周全。「至少，牠們要有一個不用搬家的貓房子。」我在心中默默許下這個心願，花了三年時間完成這個夢想，雖然後頭還有二十年的貸款等我慢慢還。

我與貓一開始的距離是遠觀，但我一步一步慢慢往貓的方向靠近，然後一起同行；接著把愈來愈多貓納入我的羽翼之下保護著，牠們搬進我的家，也住進我的心，最後我還買了一個家給牠們住。

即使是街貓還是可以成為家人。

別人說，妳幫助這麼多貓很棒很有愛，我總是回答，可能前輩子欠貓的。不然，怎麼會傻傻一做就是二十多年，又或許，套句現在很紅的連續劇中的台詞：「我比較勇敢吧！」

因為勇敢地承擔著，我與貓，沒有距離。

# 你很棒

在照顧貓的過程中，我喜歡正向鼓勵，絕不處罰。

我最常對貓說的一句話是：「你很棒！」

被貓媽媽遺棄的兩天大小奶貓，輾轉從淡水來到新店，餓了許久，不斷喵喵叫著，還未張開雙眼，已在面紙盒裡摸索爬行。我趕緊用專用奶瓶泡好貓奶粉，把奶嘴塞進小奶貓口中，牠馬上吸吮起來。我摸著牠不到一個手掌大的身體，說：「你好棒！要健康長大喔。」小奶貓果然很爭氣，從兩天八十克重，一下子變成九歲九公斤的大肥橘，而我仍是每天追著牠，要幫牠摳眼屎、擦拭身體，如同小時候一般，當然不會忘記稱讚牠：「咪醬，你好棒！」

疑似被車撞擊，全身是傷、下巴整個脫臼位移的黑白貓，被每天餵養街貓的林媽媽發現躲在汽車底下，林媽媽馬上把虛弱的牠送醫治療。第一次看到黑白貓是在動物醫院的病房裡，牠的臉被紗布整個纏繞只露出一隻眼睛，骨折的左後腳還架著固定架。黑白貓不是林媽媽固定餵養的街貓，不知道牠從哪裡來？怎麼受傷的？但林媽媽更擔心的是黑白貓痊癒後的去處，受過如此重傷，不可能再讓牠回到街頭生活。

我向她承諾，不用擔心，如果黑白貓能順利出院，就來當我的貓孩子。我摸摸黑白貓，說：「你好棒！要趕快好起來喔。」黑白貓因為有好醫師好醫術的照顧，住院一個月後來到我身邊，脫臼的下巴復原後雖然還是歪歪的，仍阻擋不了黑白貓的好食欲、好心情，體重從只有兩公斤，一路像吹氣球般膨脹，我每天還是會抱抱牠，摸摸牠因傷截指的貓掌，告訴牠：「釀釀，你好棒！」

我看著一下子對人哈氣作勢攻擊，一下子又躲在籠子角落的虎斑貓，思

考著動物醫生的建議：「貓太兇，最好放回街上去。」但虎斑貓是躲在汽車底盤好不容易抓出來的，放回去會不會又躲回車底？下一次會不會也這麼幸運脫困？不知道哪來的勇氣，我決定試著馴服一段時間，利用食物循序漸進，一步一步降低虎斑貓的緊張情緒。短短一個月，我成功抱到虎斑貓，還順利幫虎斑貓找到一個永遠的家。而我在每一次馴服的訓練中，總不忘對貓精神喊話：「胖妹好棒！胖妹好乖！」儘管馴服過程不免被牠不小心抓到滿手是傷，但辛苦與受傷的結果，是胖妹現在每晚都會陪著新媽媽入眠，還會睡到翻肚。

2｜1

1. 醸醸癒後從兩公斤瘦貓晉升為八公斤大叔。
2. 正向鼓勵怕怕貓，有一天一定會成為黏人貓的。

在照顧貓的過程中，我喜歡用正向鼓勵，且絕不處罰。貓很聰明，用牠喜歡的方式固定做幾次，牠就能學會；若是貓真的無法達到要求，我發現最快改善的方式是「人自己改變來適應貓」。別老覺得動物必須符合人的要求才是對的，一味要求狗必須這樣、貓必須那樣，如此刻板印象是不對的。你是不是真的愛牠們，牠們其實都知道。

照顧這麼多貓、照顧這麼多年後，我也常安慰自己：「妳好棒！」這條路走來不易，而我從來沒有選擇放棄，真的好棒，不是嗎？

# 摸摸按摩院

貓咪摸摸按摩院每晚都開張，經常大排長龍⋯⋯

經過貓身旁時，我總會停下來摸摸貓的頭。

一開始在頭上畫圓弧，再用手指彈奏按摩，接著手掌順著貓臉滑落，掌心朝上，輕輕摳著下巴。貓通常很喜歡這種節奏，頭抬得高高的，眼睛瞇起來，一邊呼嚕一邊享受我的摸摸頭。

我的手化身貓的舌頭，在貓身上游移著，先順著背脊來回順毛，再抓抓尾椎貓容易舔不到的地方。貓覺得爽快的時候，屁股就會開始往上升，此時若再拍幾下，貓肯定舒服到馬上躺下去任人擺布，連最祕密的肚子也失守。

路上遇見街貓，大多一對上眼就上演落跑秀，偶爾會遇到那種馬上翻肚子討摸的極品貓。這類街貓想要人摸的欲望多過填飽肚子，摸上幾把之後還會高興得在地上扭動身體；每次遇到這樣的街貓朋友總會讓我又愛又難過又擔心，愛牠對人的友善，擔心對人太友善會不會招致傷害？難過這麼親人的孩子卻得在街頭有一餐沒一餐地生活，直到看到貓耳朵的剪耳記號才能稍稍放寬心，原來是有人類罩著的街貓朋友啊！不遠處的商家門口放著乾淨的飲水和乾糧，店門口還貼著「友善對待街貓」的貓貼紙。一隻街貓是放鬆或者緊張兮兮，也反映出環境中人類對待流浪動物的態度；不能期待每個人都友善對待街犬街貓，但起碼不要有惡意，生命是平等的，人沒有高一等。

路邊遇見翻肚貓。

揮別愛翻肚子的街貓，摸摸貓的頭，告訴牠要小心人車，平平安安。我們帶不回每一隻遇見的貓，因為家裡還有好多個貓孩正期盼我們買貓罐頭回家。在等待放飯的時間，貓總愛在我的腳邊磨蹭，大托盤上一碗碗裝著魚肉混著營養品的特調貓飯，一天得準備兩次，一貓一碗不用搶食，依序放置在貓固定吃飯的地方。牠們通常不會狼吞虎嚥，一口一口細嚼慢嚥，貼心一點的貓會在我放飯時用頭撞一下我的身體，這是貓表示高興、感謝的意思。貓心意我收到了，還請慢慢用膳。

即使每天能分配給每一隻貓的時間很有限，我依舊規定自己一定要摸摸全部的貓。用手觸摸、用眼觀察、用鼻聞著貓身上的氣味，透過這樣的接觸加上警覺心，才能早日發現貓的異常。那幾隻因為膽小摸不到的貓仍要每日點名，觀察是否有正常進食；貓愈多愈要這麼每天做，因為貓被我們帶入室內養著，牠的一切生活起居只能依賴我們提供和保護，如果我們沒盡到好好照顧牠們的責任，如果我們以忙碌當藉口而鬆懈，那就太對不起這些生命了。

貓吃飽了，可以把小板凳拿出來。才坐好，第一個貓客人就上門了。「今天想要做什麼樣的按摩呢？」我問貓。貓客人已經翻好肚皮、雙腳開開，喵喵叫地催促著。貓咪摸摸按摩院每晚都會開張，經常大排長龍，看來生意還不錯呢。

油油等按摩等到打哈欠了。

# 從 Shadow 到蝦豆

當我們介入幫助一隻貓，這隻貓的世界就會因為我們而改變。

Shadow 是一隻貓的名字，也是我對牠的第一印象——只看得見一閃而過的深黑貓影。

一如往常，半夜十二點才能拖著疲累步伐回家，摸黑在大包包中尋找鑰匙的同時，聽到住家二樓遮雨棚傳來細小的腳步聲。貓中途多年的養成，貓雷達無比精準靈敏；果然抬頭一看，一隻臉黑黑的白底虎斑小貓匆匆跑走，這是第一次與 Shadow 的相遇。

一開始我以為小貓可能受困，畢竟二樓的高度不是牠們能來去自如的。我準備了一個香噴噴的貓罐，放在貓咪出現處，牠如果肚子餓肯定會出現。

那個冷冷的夜晚，我守到半夜兩點，手都凍僵了，卻再沒看見貓影。

第二天準備出門工作時看了看盤子，空空如也，還舔得一乾二淨閃閃發亮。因為不能確定是那隻小貓或是其他遊蕩來的大貓吃光的，那就每天回家時開個罐頭看看吧，開始了這夜半的貓罐約會。小貓的身影雖然難以相見，但我仍一廂情願地幫牠取名叫 Shadow，街燈下的影子。

我還記得是在霸王寒流來襲的那一年，在台北降雪的那一天，在看不到貓卻開了一個多月的貓罐頭之後，我終於清楚地看到 Shadow，孤單的小貓身影等在貓碗旁。牠看到我還是馬上跑開，但待我裝滿一大碗肉躲到一旁，牠再也顧不得危險大口大口吃了起來，一罐一百七十克超大分量的貓罐頭沒多久就吃個精光。也是從這天起，Shadow 不再躲著我，儘管我稍微靠近一點牠還是會跑，但牠愈來愈願意在我面前吃飯。這一餵，又三個月過去了。

春天來臨之前，我們的關係愈來愈好。Shadow 會提前跑來二樓遮雨棚等我，有時也會從樓梯間的窗戶跳進來。隨著牠出現樓梯間的頻率增加，我開始擔心牠會被其他住戶討厭或者驅趕；同時間，牠也開始出現一些發情期

Shadow 變蝦豆後整個圓滾滾。

才有的行為和動作，我知道，我必須採取一些行動了。

找好動物醫院，準備好誘捕籠，等天氣回暖，我們要抓 Shadow 去絕育。這次只等到半夜三點不算太晚，牠順利進籠，但陌生的鐵籠令牠緊張得不斷衝撞，把鼻子也撞傷了。帶到動物醫院後的檢查、住院、手術一連串的折騰，似乎嚇壞牠，住院期間對我們的探望不理不睬。醫生特別交代我們千萬別打開籠門，因為 Shadow 極度不親人，隨時都想破籠而出。

Shadow 在動物醫院確認手術傷口完全復原也打好預防針，檢查沒有貓愛滋、貓白血病、貓瘟等傳染病，就這麼住了半個月後，我們準備帶牠回家。出籠門前醫生得幫牠鎮定處理，不然完全沒辦法開籠門移動牠。「你們真的要收養這隻貓嗎？」當時動物醫生再三跟我們確認，因為他認為像 Shadow 這麼怕人且不親人的街貓，強迫收養可能會人傷貓抓狂。

我其實也會擔心，看到 Shadow 對人警戒害怕的眼神，但又不忍個頭小小的牠獨自一隻貓在外艱辛生活。所以我決定給 Shadow 一段時間，給予牠一個練習馴服的機會，如果牠真的無法適應居家生活，我們也做完絕育、剪耳、預防注射的保護；接下來，就看牠願不願意和我一起努力。

以愛馴服，讓 Shadow 願意與我「建立關係」，馴服的前提出自於愛，並且在過程中投入相當的時間和耐力，從一湯匙一湯匙餵食開始，再慢慢

用愛讓街貓慢慢接受人類。

接觸撫摸貓咪的身體，絕不用餓肚子或蠻力等方式讓牠被迫屈服。透過餵食和玩樂互動，讓牠降低恐懼，升高期待，直到願意與我建立「永久關係」的那一天到來。

只因看到那一閃而過的貓影，我花三個月時間天天深夜餵食看不到的貓，再花一年時間完成親人訓練；如今 Shadow 已經成為隨時可摸可抱的孩子，最愛在我的懷中翻滾磨蹭，動作既瞎且逗，我想牠既然已經不再是個影子，那就換個名字吧！從 Shadow 改名進化成可愛的蝦豆。

每個人的能力有限，無法改變這世界什麼，但當我們介入幫助一隻貓，這隻貓的世界就會因為我們而改變。蝦豆，就是最好的證明。

# 巷子裡的哈利波特

因為頭上如閃電的黑毛記號，我們叫牠哈利波特。

林媽媽在照顧牠的期間從沒真正看過牠的臉，因為牠是一隻極為膽小的街貓，總躲在巷子底那棟老舊房子的屋頂上，等著林媽媽把食物放在圍牆邊，待人都走光了再偷偷出來吃。早晚餵食兩次，一餵就是八年多。

我喜歡稱「街貓照顧者」而不是「街貓餵養人」或「愛爸愛媽」。照顧，有注意到、考慮到、特別關注的意思。照顧街貓不僅僅只是餵食而已，要幫街貓絕育還要照顧牠們的健康。貓是一種有著固定行為模式的動物，當出現行為上的改變，例如餵養多年的街貓突然沒在固定餵食的時間出現或拒絕進食時，就要懷疑貓的身體是否出現異狀。

牠就是這樣被林媽媽發現異常的，像是求救一般讓林媽媽靠近牠，送醫急救撿回一命。醫生診斷是慢性腎衰竭末期，需要長期吃藥治療及每天補充輸液。原本生活的街頭肯定回不去了，牠需要一個能照顧牠到終老的家。

八年來沒有名字的牠，該怎麼稱呼呢？林媽媽因為貓咪頭上如閃電一樣的黑毛記號，幫牠取名哈利波特，而我喊牠哈利。

初期照顧哈利讓我吃盡苦頭，因為牠非常膽小緊張，也沒有跟人類共同生活的經驗，加上腎衰竭末期不吃也不喝，必須花更多倍的時間在照顧和餵食上，還得練習互動以愛馴服。幾個月的努力下，哈利終於接納我們了，看到牠願意與我同坐在一張沙發上翻肚子熟睡，相信牠也慢慢感受到待在我們身邊不用擔心害怕，也不會餓肚子的小幸福吧！

罹患慢性腎衰竭的貓咪身體狀況隨時會改變，各種指數高低上下，每天的生活觀察相形重要。透過觀察與記錄，動物醫生有了判斷依據，能給予最適當的治療。很多腎衰竭貓最後離開的原因，並不全是腎臟功能完全失效導致，有些是因為貧血太嚴重，年紀大的貓也有可能伴隨心臟方面的問題，又或許是其他器官的衰竭。腎臟是個沉默的器官，一旦罷工了，整個身體的運作就會出現問題，所以照顧慢性腎衰竭貓要有長期抗戰的決心和毅力，還有不怕傷心的勇氣，因為這是一場注定有期限的戰鬥。

哈利在我們照顧期間不只長胖也變得非常親人，經歷兩次病危生死交關都順利熬過去了，是因為覺得幸福所以盡全力留在我們身邊嗎？還是哈利波特施展了牠的神奇魔法？只是我們迎戰的是貓頭號殺手「慢性腎衰竭」這不可逆的病症，即使我們非常努力守護牠，哈利的幸福日子終究只過了兩年。

我還是常常想念，翻出牠的照片、影片，回憶著關於牠的點點滴滴；常常想著那一段從街頭把命撿回來，變身成為一隻乾淨漂亮的黑白花貓，與我們同住一房相依為命的日子；常常想起，最後那次哈利波特的魔法沒能再讓牠度過難關的遺憾。

1 / 2

1. 花很多力氣讓腎末貓哈利的體重從不到兩公斤慢慢增肥到四公斤。
2. 從不親人到非常親人的哈利。

# 接班貓

如此相似的身影，在手術前一日到來，
是不是小四特別找牠來當自己的接班貓呢？

每一隻貓來到我們的身邊，都是有用意的。

小四是一隻臉上有著黑白面具外加黑點的街貓，牠突然出現在瑪姬每天晚上餵食街貓的區域，頭部帶著大片撕裂傷，怵目驚心！瑪姬發現後二話不說，馬上想辦法使用工具誘捕貓就醫，動物醫生診斷頭上的傷看起來可怕但不致命，身體內的傷才是最嚴重的，牠可能遭遇過車禍撞擊，造成「橫膈膜赫尼亞」（橫膈膜破裂）。

橫膈膜位於胸腔和腹腔的交界，以分隔兩個體腔，當發生強力撞擊時，橫膈膜會破裂，原來腹腔的器官擠壓到胸腔來，壓迫到肺臟、心臟等重要器官，導致呼吸不順暢，甚至需要氧氣機來幫忙。

因為病歷上需要填寫貓咪的名字，瑪姬臨時幫牠取了個名字叫小四，意指是家中三隻貓除外的第四隻貓。她從沒見過這隻貓，不確定是在何時、何地受的重傷，加上貓咪身上還有撕裂外傷，並且檢查出有貓愛滋，醫生建議先穩定生命跡象、治療頭部創傷，至於橫膈膜赫尼亞只能等狀況穩定，再評估是否麻醉開刀。

小四一邊喘著一邊很爭氣地活了下來，外傷治好後可以出院，但橫膈膜赫尼亞還無法處理，因為體重過輕，又擔心體內器官已經發生沾黏現象，開刀麻醉可能醒不過來。然而，不開刀又會因為器官壓迫肺臟，造成呼吸衰竭。瑪姬擔心自己無法照顧如此重病且有貓愛滋的貓，加上家中空間有限，因而詢問我的意見。不知道哪裡來的勇氣，我對瑪姬說：「帶來我照顧好了。」當時想著，如果小四可能隨時會因無法呼吸離開，那就讓我來當牠最後的照顧者及送行者吧。

我們幫小四準備了一個獨立的生活空間，並且配上氧氣機，瑪姬也幫牠準備了一堆營養品。牠每天努力吸氧、用力吃飯，身體慢慢養胖，也跟我培養出感情。牠從氧氣房出來放風走動的時候，總是在我身邊又磨又蹭，跟前跟後，友善得不得了。只是看著牠得不斷地大口呼吸，胸部上下用力起伏，總不禁想著是不是該幫小四開刀拚一次呢？

我找了幾家外科醫術高明的動物醫院幫小四評估，大多說成功率不到五成。但隨著小四的呼吸壓迫狀況愈來愈嚴重，我實在無法眼睜睜看著牠衰竭而亡，決定找動物外科的權威醫院再次評估。

還記得帶小四去醫院檢查時，我手上拿著氧氣管給小四吸著氧，牠也乖乖坐著，一起聆聽醫生講解手術的各項注意事項。醫生評估的結果是，雖然能做手術，但手術本身有一定的風險。我和瑪姬都想拚看看，希望小四能自在呼吸。我對小四加油打氣地說：「開刀後你就能一輩子跟我在一起了。」

開刀的前一天，一位高中老師來電請我幫忙，希望能將校內的街貓TNR。依約前往後，才發現愛貓的學生剛撿到兩隻奶貓不知道如何照顧，只好臨時接手當奶媽。其中有一隻奶貓也是臉上有著黑白面具外加一顆大黑

學生拾獲的兩隻小貓小五和小七。

點，學生取名叫小五，我當時還很訝異怎麼有小貓長得跟小四如此相像？連名字都如此相仿。

小四雖然挺過漫長的手術過程，可執刀的葉醫生說牠內部臟器損壞的程度比預期嚴重太多，手術過程中也發生休克狀況，儘管努力搶救回來，終究沒能熬過術後恢復期。小四走後，我哭了又哭，不斷懊悔是不是下錯決定。瑪姬安慰我已經幫牠找最好的醫院和最好的醫

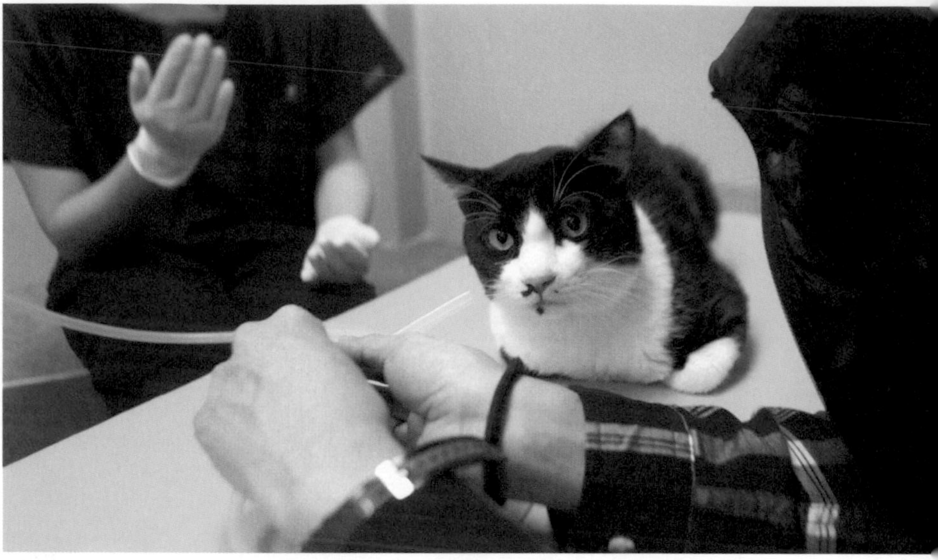

隨時隨地都得吸氧氣的小四正在動物醫院接受手術前評估。

生，能做的都盡力做到，不要再自責。本來稍稍平復的傷心在看到小五時，眼淚瞬間潰堤，如此相似的身影，在小四手術前一日到來，是不是小四特別找牠來當自己的接班貓呢？是不是小四知道牠的離開會讓我們多麼難過，所以特別安排這段跟小五的相遇呢？

七年過去了，小四跟我的緣分只有短短半年，但小五卻一直留在我身邊，現在已經七歲。或許自己從照顧小五的過程中，投影著對小四的思念，想像著小四還活著；雖然知道小五終究不是小四，但心中始終相信也願意這樣相信，小五是小四送給我的特別禮物，是愛的接棒。

1/2

1. 小五和小四都有著中分頭外加一顆痣。
2. 小五是小四的接班貓。

# 天冷請拍車

一個小動作就能讓一隻街頭動物的心繼續跳動著。

半夜三點，一群人圍著一台車指指點點，不時有人趴在地上往車底下看，口中喃喃叫喚。

一開始是一對情侶，接著一位深夜外出買消夜的大學生也加入；沒多久，里內巡守隊也來了，里長接著廣播車號找車主，大家都互不相識，卻有愈來愈多人加入幫忙。有人說朋友是修車的，要打電話找他來，有人借來工具在旁邊等候，深夜氣溫只有七度，這群人努力想解救一隻在車子底盤不斷哇哇大叫的小貓，直到小貓因為飢腸轆轆自行跳下車底被誘捕籠抓住後，大家才在一陣歡呼聲中結束這場小貓救援記。

這是真實發生的事件，也是一起幸運的救援，小貓毫髮無傷，但更多的貓咪沒有這麼幸運。

冬天氣溫驟降，生活在街頭的貓咪有時為了取暖，會停留在剛剛熄火的汽車下；有些體形較小的街貓會嘗試爬進汽車底盤內或者引擎室中，可能一不小心就睡著了。如果車主此刻發動引擎，突然受到驚嚇的貓會一時亂了方寸，找不到當初進入的路

街貓需要人類一起來關愛。

徑，可能被複雜的管路絆住受困、可能被引擎傳動皮帶絞傷、可能被散熱風扇打到、可能被高溫燙傷，也可能被底盤懸吊機構卡住。輕微一點的被燙傷、夾傷，嚴重的就會因難以脫困而死亡。

即使街貓都躲得好好的，行車中的震動仍可能讓貓咪從高速行駛的車子中被甩出，若後頭還跟著急駛而來的車輛，接著發生的慘狀光用想的就讓人無法承受。我相信沒有人願意這樣傷害生命。這類意外的發生，大部分是車主不知道有動物躲在車底，當他們發現有動物因而死亡也一定非常難過。

要避免這類悲劇，最好養成一個習慣，就是「開車前一看二拍三聽」：先查看車底有無貓狗躲藏，接著用手掌拍拍引擎蓋及後車廂蓋，再聽聽有無貓的喵叫聲，天冷時尤其要這樣做。

進階一點，先打開引擎蓋順便檢查車況，默念口訣：「汽油機油煞車油，水箱水雨刷水統統看一遍，最重要的是沒有躲貓貓。」發動引擎後別急著開動，車子要暖一會兒，也等藏著的貓兒嚇醒跑開。別趕著上班趕著帶小孩上學而忽略這個重要動作，花不到幾分鐘時間，可以讓一隻街貓得到一個保命的機會，你也不會因為不小心害死貓，內心愧疚一輩子。

如果你不是車主，卻發現某台車子下似乎有小貓的叫聲，別視而不見，想辦法救救這隻貓咪吧！上網尋求幫助或者打通救援動物的電話，一定會有人願意伸出援手，一起來想辦法出點力；真的沒時間沒能力救援，最起碼也要留下一張紙條給車主，提醒車主要多加注意，不要貿然開車離去。

那隻半夜幸運被救起的小貓，沾滿機油的毛清洗乾淨後，發現是一隻全白的小貓，當天的情侶一直在現場等到最後，帶牠回家照顧，後來就收養下來了，取名為車車。因為很多人無私地出力幫忙，車車才能夠這樣幸福地活著。

天冷了，但我們的心是熱的；天冷請拍車，一個小動作就能讓一隻街頭動物的心繼續跳動著。

# 相遇

一隻剛斷奶的小三花，一個快當大叔的男人，
一場大雨之後的相遇……

## 我是小奶貓

我是一隻貓。正確來說，是一隻剛斷奶的小貓。

媽媽不在窩裡，不知道跑到哪去了，最近牠常常外出，一出去就是老半天。我剛剛學會如何走路，還走得不太穩，但我的肚子好餓，好想媽媽。不知道哪裡來的勇氣，我爬出小小又黑黑的窩，往刺眼光線的方向走去。

原來外面的世界是這樣啊。我慢慢邁開步伐，雖然眼睛看不清楚，但看見雲，看見草，看見一棟一棟的房子，也看到好多咻一下就不見的車子。這世界如此吵雜，我的叫聲淹沒在人車的行進聲中，媽媽聽得見我嗎？我

還好被大叔遇見救了回家。

被大雨淋了好幾個鐘頭的小小貓。

叫了好久好累，哪裡傳來轟隆隆的低吼呢？天空不見了，變成灰撲撲、黑沉沉的，一道閃光劃過天空，好大的聲響，我好害怕，我找不到媽媽。

一滴好冷的水打在我身上，又一滴，再一滴。不一會，大滴水不斷掉落下來，原來這就是雨啊！我很快就淋濕了，找不到哪裡可以躲雨，也找不到回去的路。我嚇得只能伏著任由大雨淋濕，我的眼睛漸漸看不見前方，但大雨一直下，我愈來愈冷。

我想起媽媽奶頭分泌的溫暖奶水，我想起媽媽不斷用舌頭舔舐我的身體幫我清潔，我想念媽媽暖呼呼的擁抱。我好冷。

雨不知道什麼時候停了，可我太虛弱只能軟趴在地上，有兩個人發現我，過來看看又離開了；有個孩子走來看了我幾次，又消失了。我沒有任何機會找到我的媽媽了吧！突然有一道光照向我，我以為自己看見天堂……

## 當大叔遇見小奶貓

我是一個男人，嚴格來說，快要當大叔了。

六月的花蓮天氣變化多端，早上還晴朗無雲，一過午後烏雲密布，下了整整幾小時的暴雨，像是老天要把這世界清洗乾淨。等到夜色昏暗，空空的冰箱逼得我必須外出覓食，開車繞了好幾圈，假日的晚上加上剛下過大雨，開著的店家寥寥無幾，終於找到一家蛋餅店燈亮著，還有幾個位置可以坐。

停好車後，車邊跑來個小孩蹲在路旁不知道看什麼。飽食一頓，心滿意足往車子走去，遠遠看到有一對情侶也蹲在車邊說話，他們很快就走開了。我好奇跟上去看看，昏黃燈下黑黑黃黃的不就是個小花台嗎？但有個小小的東西會動耶。靠近看個清楚，是一隻全身濕透的小貓，整個身體貼在花台上，看到我來，抬起頭看了看我。

我花了三十秒拿出相機拍了幾張相片，街燈下濕漉漉的小貓看不出什

一人一貓越來越相像，也都有著黑眼圈。

2 | 1

1. 小六看著手機裡小時候的自己。
2. 小六已經長大變成大美女。

麼花色。我找來一件衣服包住小貓，牠不斷發抖著，勉強發出幾聲喵；我在車上找到一個小紙盒，挖了幾個透氣洞，把小貓放進去，開車繞著市區尋找動物醫院，一家兩家三家統統休息，只好先到寵物用品店買些貓罐雞肉泥應急，不再耽誤時間，儘快把小貓帶回去。

小貓窩在衣服裡不動也不爬，身體冷冷的，雖然說平常不能這樣馬上幫小貓洗澡，但是這回不同。把洗臉盆放水調溫不要過熱，幫小貓泡在溫水裡沖洗回溫。洗完澡怕受寒，用吹風機徹底吹乾牠的毛，我終於看清楚了，是一隻小三花，臉上有著天生像是睡不飽的黑眼圈。

我打電話給遠在台北的她，支支吾吾說自己又撿到貓了，還是在花蓮撿到的。下午的雨這麼大，總不能把一隻濕透的小貓丟在路邊吧？能怎麼辦呢？小貓已經洗好澡吹乾，吃了些雞肉泥在暖呼呼的被窩裡熟睡著呢。想起台北的家裡還有四十隻貓，多一隻小三花應該負擔不會增加太多吧？

和小三花相遇的這一天是六月一號，「就取名叫小六吧。」一邊摸著熟睡的小貓，一邊溫柔說著。

# 上天送的禮物

當你遇見小奶貓，請把牠當成上天給的珍貴禮物……

上天如果要讓一個人的心變得更好、更溫柔、更堅強，必須經過一次特別的試煉，這特別的禮物就是讓他遇見一隻小奶貓，我總是這樣猜想。

別以為小奶貓想撿就能撿得到，一隻盡責的貓媽媽會照顧好自己的孩子，把小貓安置在牠覺得最安全的地方，只要感覺有一點危險訊號，就會帶著一家大小搬遷。母貓養育一胎幼貓搬家的次數，肯定比孟母三遷還要多。

貓媽媽的育嬰過程並非都能順利進行，特別生活在都會區中，干擾因素特別多，除了天氣，還有其他貓狗的騷擾，最怕遇到討厭貓的人類驅趕母貓，再把整窩小貓丟棄。最悲傷的狀況，是貓媽媽外出覓食不幸發生意外丟了性命，等不到媽媽的小小生命只能無助死去。

當孤苦幼貓的生命之門將被關上，上天會安排一位天使來幫助牠，那就是你。

當你在住家附近發現一隻或一窩小奶貓時，請先觀察周遭環境和小貓的狀況，如果小奶貓所在的位置隱密、溫暖，牠們也安穩地熟睡著，且母貓就在附近，請不要打擾牠們。或者，你可以像在捷運上讓出座位那般，寬容借出你家的一隅給這一家子，一個月最多兩個月的時間，讓貓媽媽養大牠的孩子們。或許這中間貓媽媽會找到更好的藏身處，把孩子帶走，離開你的住處。你不需要做些什麼，只要別嚇到貓媽媽——嚇跑了貓媽媽也會造成牠的孩子們無助餓死。我想你不想這種悲劇發生在你家吧。

如果你發現的是落單小貓，或是整窩被裝在紙箱丟在路邊的棄貓，請先遵守「停看聽」三原則：「停」是不要急著用手接觸小貓，以免小貓沾上人的氣息最終被母貓放棄；「看」是觀察周遭有無類似貓媽媽的成貓活動，或是小貓所在位置是否明顯暴露在危險中（如：馬路旁、遊蕩的狗或不友善的人身邊）；「聽」是等待一段時間都未發現有成貓接近，而小奶貓明顯身體髒汙、健康狀況不佳、肚子凹陷不停地喵喵叫。這時候就急需天使伸出援手，請千萬別轉頭走掉，別想著別人來救就好，當下即時的行動才能救活牠們，錯過最重要的時機，生命就會無情消逝。

代替貓媽媽照顧小奶貓的確很辛苦，沒有經驗的人不敢輕易跨出第一步。其實不用太擔心，動物醫院的醫生、網路上有奶貓經驗的人，還有專門照護的書籍都可以幫助你，只要該注意該小心的都謹慎地做，付出一些些睡眠、玩樂的時間，你會看到手掌般大小的奶貓，逐漸長大茁壯，並把你視為牠的唯一。我相信，無論再怎樣的辛苦，此刻都會化為最美麗的微笑。

當你遇見小奶貓，請把牠當成上天給的珍貴禮物，而你是除了牠的貓媽媽外，能夠讓牠在這個世界存活下來的唯一機會。因為你全心全意無所求的付出，不知不覺中讓你的心更好更溫柔更堅強。

若盡一切努力也留不住小奶貓脆弱的生命時，請不要自責，未來當你再遇見需要幫助的小奶貓，我相信你會更有經驗，更義不容辭。

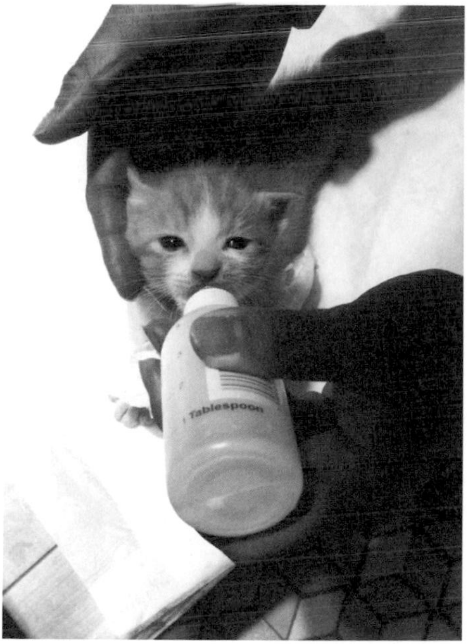

兩週大的咪醬正在喝奶。

3｜1 2

1. 一餐要吃一個鐘頭的醬醬。2. 給小奶貓一個玩偶作伴。
3. 咪醬的貓媽媽搬家卻獨漏牠。

# 街貓的悲歌

街貓的生命總是命懸一線，在生與死之間……

徐佳瑩的〈尋人啟事〉這樣唱的：

讓我看看你的照片，究竟為什麼，你消失不見？

在高中任教的余老師和黃老師帶領一群學生照顧校園裡的街貓，每一隻街貓都有專屬的名字；其中一隻叫甜橘的街貓，和學生們的感情非常好，卻在某一天被發現倒在校園一角奄奄一息，老師和學生緊急將牠送醫，最後仍搶救不及。

多數時間，你在哪邊，會不會疲倦？

街頭生活的貓不似我們想像的自由自在，牠們生活在都市叢林裡，不但要閃躲橫衝直撞的汽機車，還得擔心人類的惡意。我們周遭不時傳出毒狗毒貓，或者放置捕獸夾傷害流浪動物的事件，血淋淋的案例常常就發生在學校旁、社區停車場或者鄰里公園裡。前陣子，新聞才報導有人故意對街貓潑灑化學藥劑、滾燙的熱水——即使毒害動物、放置捕獸夾傷害動物這類行為明顯違法，但會傷害動物的人卻一點也不在意，甚至看到街貓經過還會狠狠踢上一腳。

**而世界的粗糙讓我去到你身邊難一些，而緣分的細膩又清楚地浮現你的臉。**

當我們開始餵養街貓，就發現牠們非常珍惜這個一天飽餐一次的機會，不管風大雨急，約定的時間一到，就能看到牠們等待的身影。幸運一點，遇到友善街貓的鄰居，我們可以分工合作一起照顧牠們；但遇到百般阻撓的人，很多時候會難過得想放棄。然而，想起那一雙雙殷殷期盼的眼神，不管多晚多冷多辛苦，還是又繼續下去。

有些時候我也疲倦，停止了思念，卻不肯鬆懈。就算世界擋在我前面猖狂地說，別再奢侈浪費。

街貓的生命，總是命懸一線，在生與死之間。今天順利見到了，飽餐一頓了，明天是否還能再見？這是每一位街貓照顧者心中最大的擔憂。把握每一次見面的機會多給牠一口飯吃，想讓牠感受到一點溫暖的愛，在街貓離去之前，叮嚀著街貓們要小心、要遠離陌生人、要注意車子，把「每一天都當成最後一天」那般道別。

早先，我們盡心盡力推動街貓絕育 TNR 行動，想的是如果讓街貓犧牲自己身體的一部分，不再具有繁殖下一代的能力，人們是不是就可以接受牠們的生存？後來發現，人對於街貓的偏見，不會因為牠們不再生小貓或不再發情、打架而消失，排斥街貓的人終歸只想要街貓街犬完全消失在自己的生活範圍內。我們這才真正體悟，問題的癥結，永遠不在動物身上，而在人心。

我多想找到你，輕捧你的臉，我會張開我雙手，撫摸你的背。請讓我擁有你，失去的時間，在你流淚之前，保管你的淚。

一隻街貓的平均壽命不到五年。

做過 TNR 的街貓不代表就能被人類接受。

余老師和黃老師擦乾傷心的眼淚，更積極在校內推動各種生命教育講座，並把和學生們在校園照護街貓的經驗集結成書，參加農委會辦理的全國校犬（貓）績優學校比賽獲得肯定，讓所屬高中對照護校內街貓的態度從反對到支持，校方還想藉此把學校推動成品德教育學校。悲憐街貓的心情，讓老師和學生們有了更強的動力想保護更多的街貓朋友，「希望不要再發生憾事了。」是老師和學生們的共同心願。

一直覺得徐佳瑩的〈尋人啟事〉，聽起來像訴說著一隻街貓的遭遇，但在街貓流淚或者消失之前，我們是不是能為牠們多做一些呢？

# 這樣的妳

只要街貓還等著，妳就不會忘記你們之間的約定——這祕密的深夜約會。

半夜三點，妳穿上貼著反光標誌的外套，戴上球帽，把長髮綁成一束馬尾，抓起一個沉重的袋子，掛在手臂上勒出一條痕跡，肩上再背起一個背包，裡面是兩大瓶水，走出門。

這天，雨下了一整個晚上。深夜，趁著雨暫歇，妳急著出門。妳說，牠們一直在等著妳。

這個深夜約會持續多久了呢？妳笑了笑，雲淡風輕地回答，記不得了。

地上濕漉漉的，街燈在積水上映照出一輪明月似的光暈，妳的雨鞋踏過一處一處水窪，朝黑暗中的小巷走去。一轉彎，幾個黑影急切地從圍牆上跳下來，向妳奔去，然後大聲地喊著：「喵——喵——」好像在問今夜怎麼這麼遲？

妳的神祕約會，原來是跟這一群街貓朋友們。

妳連聲道歉，彷彿白天和客戶開會遲到那樣卑微，街貓們此起彼落的叫喚聲催促著妳毫不客氣。妳打開大袋子，熟練地拿出鐵碗、貓罐頭，一個碗搭配半個罐頭再加上水，一貓一碗排成一列，像是自助餐廳。妳是最盡責親切的招待人員，把正在用餐的貴賓們一一款待好，希望這些貓貴客好好享用可能是這天唯一的一頓飯。

街貓朋友們吃飯的當下妳可沒閒著，拿起大塑膠袋撿拾附近的垃圾。妳說垃圾是人丟的，卻指著街貓說牠們髒亂，妳不要貓咪背這個黑鍋。每一夜都把這裡收拾得乾乾淨淨。我湊過去瞧一眼，哇，垃圾袋裡盡是菸屁股、寶特瓶和吸管等等。

妳的手還在忙碌著，拿出一個袋子，裡面是數個藥包。上面寫著胖三花的眼藥、老黑貓的皮膚病藥膏，以及虎斑弟的抗生素。虎斑弟年輕氣盛，老想找其他貓論輸贏，身上大傷小傷不斷。妳說過幾天趁天氣好一點，要把虎斑弟抓去絕育剪耳；我望向吃飽飯正在理毛的眾街貓們，耳朵上都有一個明顯的剪耳標記，代表著牠們都已經做好這項都市中街貓生存的妥協，唯獨新來的虎斑弟還沒有。妳嘆氣，說其實做了TNR也不能保證人們就願意讓街貓跟他們一起生活。

是啊，我也有很深的感觸，曾經絕育完整個里，甚至協助一個學校做完校內所有街貓的絕育，幾年後選了一個新里長、換了一位新校長，這些街貓依舊要被不喜歡貓的里長和校長「移走」。好一點的請志工把貓捕捉後放到別處（或要志工帶回家），狠一點的就叫公家機關來把全數的貓抓去收容所。不免感慨：天下之大竟沒有街貓的容身之處。

妳收拾好東西，準備往下一個地點走去，反光外套在黑暗中亮眼而且重要——去年冬天寒流來襲時，妳被酒駕的機車騎士從後面撞上，左腳骨折躺在醫院好一段時間，當時只記得妳擔心街貓沒人餵食怎麼辦，都沒聽過妳煩惱工作上的事情。妳說，工作有人可以代理幫忙，但妳不去餵貓，牠們就得餓肚子。麵包與愛情，妳還是把對街貓的愛放在前面了。

一個點走完繼續下一個點，一個女子每天在深夜餵街貓……。如果我不說，人們可能不知道，這樣的女子不只一人；偶爾她們會在轉彎處相遇，淺淺地微笑點頭，然後繼續走向街的盡頭。

妳說，這一帶也有一個先生在餵貓，最近都沒遇見了，妳不知道能夠支撐多久，但只要街貓還等著，妳就不會忘記你們之間的約定。

總算餵完貓了，趁天還未亮，趕快回家補眠吧！醒來要努力工作賺錢，才能持續這祕密的深夜約會。妳說著這無比沉重的負擔，卻像是清晨微風拂過那樣的輕柔。

我看著妳，很慶幸能認識妳，但也心疼妳。

這樣的妳。

街貓都很珍惜一天中唯一的一餐。

# 以愛馴服

用心付出時間來馴服一隻不親人的貓，是一件很幸福美麗的事。

狐狸跟小王子說牠不能和小王子玩，因為牠還沒有被「馴服」。狐狸說：「假如你馴服了我，我們就彼此互相需要。對我來說，你就是獨一無二的，對你來說，我也將是世界上僅有的。」

小王子不明白，狐狸進一步解釋：馴服其實就是「建立關係」。這段《小王子》一書中的經典，用來說明街貓的馴服再貼切不過。街貓通常不親近人類，這是一種保護自我的機制，除非你想把街貓帶回家飼養，不然讓街貓跟陌生人保持距離是比較好的。

但還是會有需要馴服街貓的情況，例如遇到受傷或生重病的街貓，無法再回到街頭生活，或是年紀很小但野性很強的街貓，希望透過馴服讓牠們有機會跟人類生活，而不是一直在危險的地方流浪。

成功馴服街貓的要訣，就是讓貓願意與人類「建立關係」，不是被強迫的屈服；馴服的前提是愛，過程得投入時間和耐心，沒有一蹴可幾的奇蹟。

首先建立的關係是先從基本需求下手，透過餵食與街貓建立互動。先從好吃的貓罐頭開始，把貓罐頭一口一口用湯匙餵食街貓，讓牠把你和美好食物之間做成連結，慢慢地可以從長柄湯匙進化到短柄的，下一個階段再將食物置於掌心讓貓主動接近，過程中即使被貓的強烈戒心打掉食物，仍要有耐心地持續進行。餵食這階段，短則幾週、長則數月，急不得。

當街貓不再畏懼人類的靠近後，可以再嘗試多一些身體上的接觸，慢慢從互動中建立信任關係，建立關係的開端不能用強制、規訓、懲罰的手段，也不能用讓貓餓肚子的方式來誘逼牠，我們要的是馴服，不要搞成虐待了。

空間的設置也是成敗關鍵，一開始得先把街貓限制在單獨空間（足夠生活的籠子至少三尺長）；在餵食及互動時，人最好可以和貓的眼睛互相平視，如果籠子設置於地面上，人就得蹲坐在地，不然就把籠子架高、放穩點。同時，避免急著抱或觸摸對你還不熟悉的貓，以免被牠反擊抓傷，令關係惡化退步。

多些時間和街貓處在同一空間內，讓街貓熟悉人的存在，即使一開始沒有互動也沒關係。每天每天稍微靠近牠一點點，但也別過度刻意，透過餵食和玩樂等互動，讓牠降低恐懼，升高期待，直到願意與人類建立「永久關係」的那一天到來。

用心付出時間來完成馴服一隻原本不親人的貓，讓牠能夠安穩地與你共同享受生活，是一件很幸福美麗的事。如同小王子曾說過的：「因為有意義，所以它是美麗的。」但若還沒能完全馴服牠也先別氣餒，每一隻貓都需要不同長度的適應期，別急著放棄，甚至再度拋棄牠於街頭。

成功馴服之後，貓已願意跟人建立感情的交流與生活上的關係，而你也付出真心，雙方已被互相馴服了。別忘記狐狸最後對小王子說的那句重要的話語：「你要永遠對你所馴服的對象負責。」

1. 狐狸對小王子說，你要永遠對你所馴服的對象負責。
2. 街貓與人類建立關係是需要時間的。

# 輯3 愛牠，顧一生

# 智能顧貓法

智能的時代，照顧貓的方式也要跟著進化，
智能顧貓法應運而生……

「智能」是現在最流行的名詞，智能手機、智能家電……，只要冠上「智能」兩個字，彷彿就聰明得不得了。

但「智能」和「照顧貓」怎麼扯上關係呢？

一位朋友問我，多貓家庭每天光是完成基礎的打掃清潔、餵食等工作，就耗費很多心力和時間，要如何才能照顧好每一隻貓呢？

多貓家庭最怕貓集體生病，小病如上呼吸道感染，一隻貓打噴嚏，沒多久一屋子貓可能都會流鼻水，平日的健康管理非常重要。除了固定的年度預防針絕對不能省略外，如能做好每一隻貓的健康觀察，發現貓有異狀時及早就醫，就能避免病情擴散一發不可收拾。

人的兩隻眼睛觀察有限，那就請出「智能攝影機」來幫你觀察。在貓咪的主要生活空間、放置食物飲水、貓砂盆的地方分別安裝，就可以二十四小時不間斷地幫你攝影記錄，還能安裝App方便你用手機隨時查看或者回顧；哪一隻貓嘔吐、哪一隻貓不斷進出便盆、哪一隻貓沒有出來吃飯喝水，都能靠智慧攝影機幫你儘快找出來。甚至半夜誰跟誰打架，打到地上一堆毛，也能很快找出當事貓來幫牠們檢查身體是否受傷。當今的智能攝影機有些款式還具有紅外線夜視功能，以及雙向通話功能，即使黑漆漆的夜晚也能清楚辨識貓的活動狀況，遇到調皮搗蛋不睡覺的貓也可以通話口頭教訓一下。

多貓生活的環境一定要保持乾淨且通風，避免溫差過大造成貓咪免疫力下降，這時候「智能溫濕度感應器」就能提醒你天氣的變化。它可以設定在冷熱潮濕超過預設狀況時發出提示，再加上「智能插座」，就能幫你開啟通風設備或是冷暖氣來調節室內溫度，即使你不在家，手機App按下去就好。

至於清潔消毒，市面上聰明的「掃地機器人」又能掃又能拖很方便。

但貓可是很會嘔吐的動物，在啟動掃地機器人之前，務必確保地面上沒有任何嘔吐物地雷，否則事後的清理會讓你又氣又累。我沒有選擇掃地機器人來清掃，仍使用傳統吸塵器打掃，但會加上「蒸氣拖把」來幫忙日常的清潔，利用水蒸氣一百度沸騰的高溫消毒好環境，並減少化學藥劑的使用，這一直是我保護貓咪健康的重要武器。

很多好用的智能設備價格其實不貴，有些甚至是千元有找的好物，省下幾次吃大餐的錢就能添購來幫你一起照顧貓。人的能力和記憶有限，若使用一些好工具來幫助你照顧和觀察貓，就像身邊多了很多幫手一樣，也就是所謂的「工欲善其事，必先利其器」。

智能的時代，照顧貓的方式也要跟著進化，智能餵食器、計算喝水量的智能飲水機已不是空想，自動清貓砂機也有廠商相繼推出，相信未來還會有更多幫助我們照顧好貓的工具。不過，目前我覺得最好用的「智能工具人」是我的先生，又會清貓砂，又會每天開罐頭餵貓，還會主動搬重物、倒垃圾，帶貓咪看醫生時負責開車提貓籠，有時間就會幫貓咪梳毛、剪指甲，簡直完

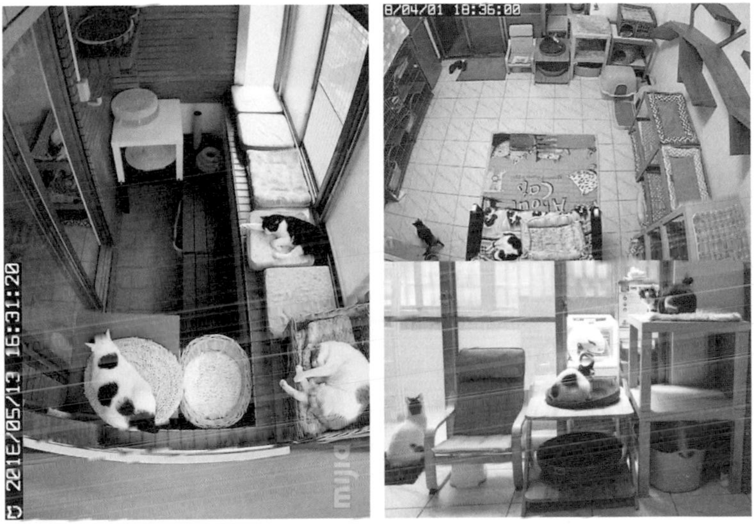


使用智能攝影裝置來幫助觀察異狀，室內的燈光、溫度都能使用智能產品來遠距遙控。

美得不得了，只是這個智能工具人只屬於我個人所有，有錢也買不到。

最後，還是得提醒一下，「科技始終來自於人心」，再多再好的產品也只是輔助的工具，照顧貓狗最重要的仍是主人的用心，以及不離不棄照顧到終老的決心。

# 別讓貓外出的重要理由

讓貓留在室內的最大好處，
是讓牠在安全無虞的環境下活得健康又長壽。

你一定在網路上看過這樣的求救文：「我的貓咪跑出去玩就沒再回來了，可以幫我找貓嗎？」「有一隻貓被疾駛而過的車子撞死，請問是誰家的貓呢？」

這樣的意外事件幾乎每天都在發生，只要有人繼續放任貓咪獨自外出，貓咪就很容易陷入危險當中。這些危險包含被車撞到、誤食毒物、被流浪犬攻擊、染上致命傳染病、迷路被通報送進收容所、被惡意人士虐待殺害等。

別以為這麼倒楣的事情不會發生在自己身上，有太多悲劇會告訴你，危險存在於輕縱僥倖中。

貓咪平安健康最重要。

門窗都要做好防護避免貓咪跑出。

大多數放任貓咪外出的理由，不外乎「我的貓很愛出門玩」、「我沒辦法阻止貓不外出，因為牠會一直叫」、「我的貓只在外面上廁所」，甚至「貓是熱愛自由的」、「貓只是想出去透透氣」等。

就單純以一個行人的角度來說吧，你覺得台灣是一個可以讓行人安穩走在馬路上的地方嗎？太多機車快速穿越，太多不願禮讓的汽車按著喇叭催促，如果連這麼大的一個人都不能安穩地在路上走，要在停滿車的街道騎樓之間閃避，何況是一隻貓呢？

家貓不同於街貓，充滿狂奔汽機車的街道不是牠們生長的環境，牠不知道聽到什麼聲音代表危險，不知道穿越街頭要觀察哪個方向，不知道四隻腿的貓永遠也快不過汽車的四個輪子。

讓貓在室內最大的好處，是能夠讓牠在安全無虞的環境下生活，這也是家貓和街貓存活年齡差距如此大的最主要原因。一隻生活在室內的貓，平均年齡約在十五歲以上；而暴露在室外眾多不可預知危險中的街貓，往往活不到五歲。

如果你的貓是因為被異性吸引想外出，最好的解決辦法是幫貓絕育。絕育後的貓不再因生理需求而焦慮不安，也能避免母貓子宮蓄膿等病症發生。而不讓貓出門的另一個理由，是可避免接觸到病貓，感染貓白血病或貓愛滋等致命傳染病。至於那個要讓貓咪出門上廁所的，拜託你不要養貓。

現在開始別再讓貓隨意外出了，特別是居住在都會地區，養貓人家的門戶安全是一定要做的。貓咪能外出的出入口都要加以封閉，每一個家庭成員都有避免貓咪跑出去的責任。一開始貓會喜歡往外跑，是起於沒有馬上阻止甚至默許牠這樣做，以為貓是愛自由的，一、兩次之後就變成習慣。要改變壞習慣會需要更多的時間和決心，中間的轉變過程也許會讓人氣餒，但為了保護你的貓，為了牠的生命安全，唯有堅持才是對的方向。

當你把危險關於門外，相對得提供更多的關心和陪伴給門內的貓，讓牠習慣當一隻家居貓。有些貓很快就能適應，有些貓則需要比較長的時間練習。無論如何，有很多成功案例說明把貓留在室內，除了讓貓更長壽外，還會發現和貓的關係比以前更加親密。

儘管以上說了無數別讓貓外出的理由，說來說去都是為了貓的安全著想，貓咪平安健康永遠是最重要的。

# 讓毛孩也過好年

過年對有些人來說是個假期，
對於有貓有狗的家庭卻是一場挑戰。

農曆長假來臨的前一個月，我們已經忙著趕辦年貨。等一下，這裡的年貨可不是為人，而是為家中貓孩狗孩備妥足夠的乾糧、罐頭、零食、貓砂、藥品等。像我身為多貓家庭的家長，平常就會庫存足夠的糧食，但過年期間寵物用品店家也會放假，加上年前物流業異常繁忙，無法保證準時配送，提前備好家中動物過年所需，是每一個毛孩爸媽的重要任務。

許多人會返鄉過年，我也不例外，有些人會選擇帶著毛孩一起長途跋涉，我則是讓我的貓孩安穩地在家中度過；以前會請熟識且信任的朋友在過年期間到家中幫忙照顧牠們，今年則是採取我和先生兩人分別留守看顧，雖然夫妻得分隔兩地過節，但為了年紀漸長還有需要特別看護的貓孩，我們甘之如飴。不過，團圓飯還是得想辦法一起吃，把毛孩顧好的同時，也與家中長輩聯絡感情，順便獻上一個大紅包。

和我之前一樣，選擇請人到府照顧毛孩的朋友，務必做好幾件事：要跟到府的保母事前充分溝通各項照護工作，每隻貓狗的個性、習性、特別所需，以及各項物品的放置處，最好詳列成備忘清單，讓到府的保母能隨時參考。安全防護要巡視、加強，過年期間外頭常會有爆竹聲響，防止走失的門窗防護要重新確認、測試；家中電器開關也要事前再次檢查，保暖設備的電器線路使用時是否會異常發熱？電器插頭插座是否會接觸不良或發出異味？多加檢查就能減少意外的發生；而若能加裝網路監視錄影設備，讓自己隨時上網查看，也就能對貓孩狗孩的安全多一份留意。

選擇把毛孩帶回家過年的朋友，也要注意幾件事：一定要準備安全的硬式提籃作為牠們運輸移動的工具，也不要在未綁牽繩的情況下帶著或抱著毛孩到擁擠的場所或觀光景點，特別是貓最好在一個固定地方過年，不要隨意帶出門。常常在長假之後就看到一串貓狗走失的協尋消息，狗狗可能會因為鞭炮聲被嚇跑，貓咪則可能因為人多車多各項聲響掙脫跑走。過年是團圓的時候，貓孩狗孩要跟著我們在室內過好年，那些外出遊玩的人類節目就別帶著貓狗去擠，別讓人們的疏忽使得本來備受保護的毛孩子，在過年期間變成找不到家的流浪動物。

一切都準備好了嗎？別忘了記下常去的動物醫院過年開業時間，還要準備幾個二十四小時急診的動物醫院名單。意外總是來得又急又快，事前做好萬全準備，以免有狀況時手足無措。

過年對有些人來說或許是個假期，但對於有貓有狗的家庭則是一場挑戰，提早準備好毛孩的各項所需，注意安全做好保護，毛孩就能跟著我們一起平平安安過好年。

過年對多貓家庭是重大挑戰。

# 取暖

我需要有貓幫我取暖，我知道牠們喜歡有我的溫暖，
我的心也跟著暖和起來。

蘇軾說：「春江水暖鴨先知。」意思是說春來乍到，氣溫微升，江上的寒冰稍稍融化，鴨群已經感覺到春天到來的信息，迫不及待下水嬉戲玩耍。那冬天到了呢？當然是貓先知了！

如果貓是人，可以當上氣象專家。秋老虎還在肆虐的十月天，貓已經準備過冬，先脫去夏日的粗毛換上能保溫的絨毛，接著努力進食囤積身體脂肪；整隻貓從夏日的修長俐落，變成圓滾滾的一團球，也昭示著冬季睡眠期即將來臨。

盡責的貓奴在夏日將盡時就得幫貓張羅過冬。這時進場購買禦寒設備最

划算，電熱毯、暖爐還在特價期間，可別等到氣溫下降才匆匆選購，當季商品通常折扣有限還很搶手。

人用的電熱毯在多貓家庭中是方便實用的好物，一大床可供十幾隻貓一起取暖。鋪電毯可是有學問的，鋪在床上再加碼一條大毛毯，保證眾貓整個冬天像種在床上的花，哪兒也不會去。如果沒有大床鋪給貓睡，鋪在地面上就要在底層多加層鋪墊，以免電熱毯的熱度還沒讓貓享受到，就被冰冷的地板給吸光了。

這些年幫貓買過各式各樣的取暖設備，從一開始的燈泡電熱器、葉片式電暖器、電熱毯到煤油暖爐，不斷進階。燈泡電熱器易因碰觸或被推倒發生危險；葉片式電暖器相對安全，但挺耗電的；前幾年出現的電膜式電熱器，加熱效果快，只是看到電費帳單的數字會嚇到腿軟。此外，老舊公寓使用這些設備還得密切注意電線安全。

煤油暖爐是近年來在貓奴界很夯的取暖聖品，加熱快又暖和。請注意！暖爐是貓奴買來給貓用的，所以為貓咪設想的安全設施得做好，好奇心重的

夏日是世仇，但到冬天卻是好朋友。

貓咪若用爪子碰觸，甚至跳上暖爐的高溫處燙傷就糟了，而且使用時要保持通風，這是攸關生命安全的。於是，聰明的貓奴把煤油暖爐「關在貓籠」裡使用，既能避免貓碰到又好清理，還能在暖爐上烤個地瓜，不被貓偷去吃，真是一舉兩得。可惜台灣的煤油售價一直偏高，天寒地凍時得上演加油站搶煤油的橋段，搶到之後還要扛著滿滿一桶煤油爬樓梯，貓奴在寒冬中已先熱到流汗。

冬天裡的貓幾乎都在睡覺，夏日裡打來打去的世仇，一到冬天就會窩著互相取暖，不小心睡翻了還會抱在一起你儂我儂。我想牠們大概協議好了，要打架等過了嚴冬再說，現在先一起取暖吧！

而我，更需要有貓這樣幫我取暖：喜歡貓窩在我的腿上，喜歡貓和我一起躺在暖呼呼的被子裡，喜歡貓與我共飲一杯溫水，喜歡剛脫下的外套馬上被貓占領。我知道牠們喜歡有我的溫暖，而我的心也跟著暖和起來。

使用煤油爐要特別小心。

# My Sweet Baby

屋頂躺在固定的位置邊呼嚕邊等待我，如果這麼艱難的事情對牠來說不再是壓力，我又怎麼能感到憂愁呢？

手機設定時鐘提醒，在早上八點準時響起，把各項用品一一擺放好，得在早飯前進行一個儀式。先深深吸一口氣，再撕開酒精棉片在皮膚上來回消毒，採血筆裝上針、血糖機裝好試片；採血重頭戲上場了，輕輕抓著小小薄薄的三角形耳朵，挑好位置，頂上採血筆按下去，順利冒出一個小圓點般的血，接著血糖機螢幕上五四三二一倒數，開獎般顯示出的數字，會決定我當天心情的好與壞。

這半年來，我日日做著同樣的事情。從一開始無數次的失敗，把小小一片就跟菠蘿麵包同價的血糖試片丟了一次又一次；到駕輕就熟可以在兩分鐘內完成驗血糖任務，全都因一隻叫屋頂的貓，牠是 My Sweet Baby，因為牠罹患了糖尿病。

右耳上有個明顯的剪耳記號，說明屋頂原是一隻街貓。十幾年前我們搬到位於新北貓基地後，有隻三花貓日日跳上二樓遮雨棚，對著二樓的小陽台大聲喵喵叫著：「我來了！給我飯吃！」我們在陽台朝下看著這隻剪耳三花貓（那耳朵不是我們剪的），想必牠早已打量我們很久了。牠並不敢跳進二樓陽台，只在鐵皮屋頂上抬頭仰望，我把貓乾糧裝在一個小提籃內，再綁條繩，小心翼翼把貓食從陽台邊垂吊給三花貓大快朵頤，我們就這樣像釣魚般的餵食。屋頂成為三花貓的喚名，當時已經絕育的牠若是已成年，此刻我想，應有超過十四歲的年齡。

我們對於照顧街貓的態度一向都是「開始了就會盡力到最後」，不光只是餵食、絕育而已，貓房子裡也有不少是原本餵養的街貓朋友後來變成家人的。屋頂常常吃完飯後在附近的巷子裡遊蕩，雖然餵了好幾年，但是對我們還是很陌生；在街頭上巧遇的時候，大聲呼喊牠的名字：「屋頂……」，

因為一直待在屋頂，而成為三花貓的名字。

就會看見牠用當年已經有點不苗條的身材快步在住宅陽台頂上奔跑，把別人家的屋瓦踩得砰砰響。

屋頂雖不親近人，我們也不太在意，一如往常地餵養；直到二〇一三年台灣爆發狂犬病事件，因為鄰居揚言要把住家附近的流浪貓抓進收容所，為了屋頂的性命安全，顧不得牠的意願，就倉皇把牠帶進家裡來。記得當時好長一段時間，屋頂對我們不理不睬，鎮日躡手躡腳活在自己的世界裡，抗拒我們的靠近和觸摸，像是對身為人類的我們提出無言的抗議。

降到冰點的兩邊，時間是最好的

解藥，只是這時間經歷得有點久，足足過了兩年，屋頂才願意卸下心防，慢慢會在我們面前翻肚，眼神也不全是恐懼。我們和屋頂緩慢互相靠近再一起同行，這一走，幾年就又過去了，還從台北搬到花蓮來。

去年中秋時，發現屋頂常多渴多尿，想起手邊有人用的血糖機，原本只是想試一下，沒想到一驗數字超過標準太多，這可不行了，得趕快就醫；動物醫生仔細檢查後確認屋頂罹患糖尿病，需要注射胰島素，貓得住院抓血糖曲線。只是沒想到住院第四天曲線圖尚未完成，屋頂就因為不吃不喝導致血糖過低，醫生趕快打電話請我們把牠接回家。回到家出籠的第一刻，就看到牠飛奔到食盆前吃起飯來。對屋頂來說，醫院是多麼可怕的地方，寧可拒食餓肚子，但醫院不能待，未來所有控制血糖的治療，勢必都得在家裡進行了。

抓血糖曲線是一個大工程，兩小時必須監控一次血糖值，屋頂的兩耳因為採血的緣故弄得紅通通一片。每回下針，不光是貓痛，我也同樣感受疼痛和不捨，但遇到了就得堅強面對。於是在下針前和採血後，我和屋頂總是互相安慰著對方，我摸摸牠，牠呼嚕回應。

等抓好曲線跟醫生確認好胰島素的劑量後，接下來就是一場長期抗戰。雖然不知何時能休兵，還好貓糖尿病不像腎衰竭是不可逆的疾病，身體是有機會復原到正常，只是在痊癒之前都必須認真執行量血糖、打胰島素、吃飯定時定量，不讓貓身體發生酮酸中毒而奪命。

手機鈴聲又響起，一日四次的量血糖任務又要開始了，我還在準備，屋頂已經躺在固定的位置邊呼嚕邊等待我，如果這麼艱難的事情對牠來說不再是壓力，我又怎麼能感到憂愁呢？輕輕喚著 My Sweet Baby，在屋頂的頭上深深一吻，告訴牠我們都別怕，一定會好起來的。

來，我們勾勾手。

1
3｜2

1. 住進家裡兩年後，屋頂終於願意接受我們成為家人。2. 屋頂睜著綠眼安慰著我。3. 高齡十四歲的屋頂罹患糖尿病。

# 當貓老了

當貓老了，一定會離開我們，但在那一天來臨前，我們都該負起好好照顧牠們的責任。

你是不是有一天突然發現，我的貓老了，十幾年的時光怎麼一下子就過去了？

你是不是有一天突然害怕貓變老，擔心能夠互相依靠的日子已經不多？

當貓老了，牠可能會出現與老化有關的認知功能障礙，牠會在夜間過度喵叫，會變得焦慮，會迷失方向，會改變上廁所的習慣，牠也可能會忘記你或者牠的貓朋友。

當貓老了，牠可能會花很多時間睡覺，食欲降低或失去胃口，牠容易因為腸胃蠕動變慢而導致便祕，甚至不再打理自己。

當貓老了，牠可能突然改變個性，也許溫馴的貓變得暴躁，也許本來碰不到的貓變得親人。

老貓行為上的改變，也可能代表一種身體病痛的警訊：上廁所的次數增加或便溺位置的改變，也許是腎衰竭或甲狀腺功能異常；溫馴的貓突然不讓人碰觸，可能是因為關節發炎或身體上某處疼痛；貓咪突然忘記你、忘記其他貓朋友，有可能是因為牠的視力和嗅覺已經退化到無法看清及察覺。對老貓來說，任何微小的行為改變都不能忽略，或以為無關緊要。

八歲以上的貓就進入老年期，平日除了提供適當的飲食和營養外，幫老貓選定一位值得信任的動物家庭醫生以及定期的健康檢查，都可以幫助老貓提早發現身體異常，即時給予適當醫療。

照顧老貓好比照顧小孩，需要營造一個安全的生活環境，任何會造成老貓產生壓力的改變也要避免：房屋裝修造成噪音、增加貓口狗口、家具經常變動，甚至家中成員的增加，這些都會讓老貓焦慮不安。我們無法拒絕

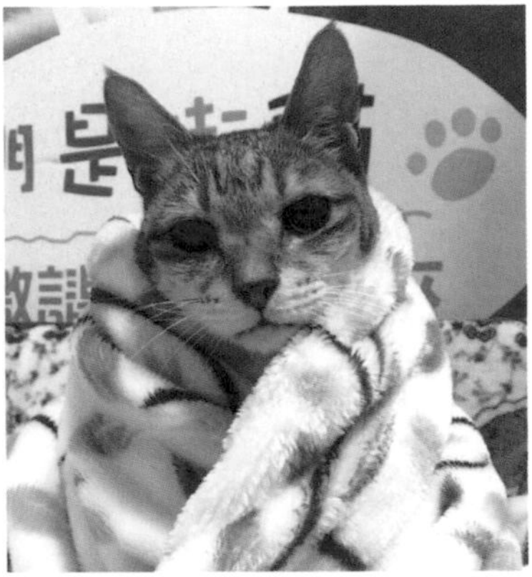

死神的來臨，但良好的照顧能讓老貓安穩地延長生命。我們可以營造一個隱密、溫暖且舒適的居家環境，讓老貓無憂無慮度過最後一段時間。

我的貓都好老好老才上天堂，有快二十歲的，也有十七歲、十五歲的，照顧老貓沒有撇步，就是要「三花一專」：花時間、花金錢、花力氣，外加專心一意。花時間多觀察多注意，花金錢幫貓咪進行必須的健康監控，花力氣耐心幫老貓餵食和清潔，以及專心一意的照護。有位動物醫生曾說：「你的貓能活幾歲，取決於主人照顧有多用心。」貓咪的長

壽健康，背後是主人的付出與用心。

當貓老了，一定會離開我們，但在那一天來臨前，我們都該負起好好照顧牠們的責任，每一天每一刻；即使最後依舊傷心不捨，想起牠們的時候，心中也不再有遺憾。

4｜3｜2｜1

1. 十七歲的秋秋。
2. 快二十歲離世的奶茶。
3. 十七歲半的貝果。
4. 十六歲的油油。

# 灌愛

每一次灌食都是在灌愛，想盡辦法把食物送進口中，
只是希望讓貓活下去。

小型調理機正在努力旋轉著，裡面不是水果，而是貓吃的肉罐加上各式營養品，再加點雞湯汁，要把食物打成泥。

就像照顧小奶貓一樣，很多老貓走到生命的盡頭前，都是靠著一口一口的灌食，保持最起碼的熱量攝取，就怕牠對食物沒有欲望，甚至忘記如何吃飯。

快二十歲才到天上的奶茶，整整灌食三年，早中晚消夜各一次，從沒遺忘過任何一餐，倒是我自己常忘記吃飯了沒。先把泥狀食物準備好，必要時還得加上消化酵素幫助食物分解，再使用方便灌食的針筒——這針筒尋來

不易，得好抽好洗好放進貓嘴巴，市售的針筒必須花費心力改造才會好用；先用針筒把食物泥抽成一管一管（十多管放在碗中好像串燒大餐），再準備好大毛巾和超軟坐墊，叫醒熟睡的奶茶，抱在胸前，告訴牠要吃飯飯了。

灌食的時候要慢，一口一口不能急，從貓嘴巴側邊塞進針筒，不能太深也不能太淺，再擠出一點食物泥在貓的口中。左手握針筒慢慢灌，右手拿著紙巾擦拭不小心流下的食物，三西西針筒我早已練就可以分十多次灌入，每餵完六西西得休息幾分鐘，為的是讓老貓慢慢吸收，避免貓把灌進去的食物全部吐出來。

中場休息時間是我和老貓摸摸抱抱的時候，順便梳開牠已不再自己整理的毛。像是貓媽媽舔舐著小奶貓一般，我也這樣一遍一遍摸透老貓的身體。那怎麼努力灌食還是不斷消瘦的身軀，令我的手感受到生命一點一點消逝的無能為力。

計算著每餐的熱量，再乘以灌食的次數，想辦法補足每天所需的熱量。筆記本上各種詳細的數字記錄，在夜深人靜時詳加檢視。慶幸能順利度過今

2 | 1
3

1. 打成泥的食物加上各式營養品。2. 高營養的動物用寵膳。
3. 奶茶晚年全靠一天四次的灌食。

天，而明天，又是同樣的任務，同樣的擔心，同樣在跟衰老拉扯拔河。

灌食會使人憂鬱，就讓自己從灌食中找出一些浪漫，於是把裝在彩色膠囊的心臟病藥、腎臟保健、腸胃保護以及食欲促進劑想像成糖果，餵藥的時候跟貓說來吃糖糖了；於是包著貓的大毛巾變成角色扮演，今天是貴婦裝，明天是波西米亞風；於是中場休息變成說故事時間，大野狼和小紅帽的故事說過好多遍，但說最多的是「我愛你」。

每一次灌食，都是在灌愛，想盡辦法把食物送進口中，只是希望讓貓活下去。能順利餵完一餐，忍不住開心分享，失敗時則感覺人生是黑白的。每天的生活繞著需要餵食的貓轉，夜裡驚醒會想是不是忘記灌食了，但照顧生命本來就是往身上加責任，愈愛愈覺得責任重，每一步路必定走得艱難、走得辛苦。

愛裡放責任，如同湯裡的鹽，即使眼淚是鹹的，但看著老貓慢慢吃下我灌食的每一口，心情是甜的。

# 為貓注射愛

我一直無法突破的下針恐懼症，從醫生的一句話中得到解脫，他說：「妳正在為妳的貓注射愛。」

掛上點滴罐，插入輸液線，打開空氣閥排出空氣，再把蝴蝶針裝上，撕好透氣膠帶備用。貓咪早已在旁等候，拍拍沙發，牠跳上來在我的腿上趴好，用酒精棉片在牠已撥開毛的背部皮膚上來回擦拭消毒，輕輕把皮膚拉起形成一個小三角形，蝴蝶針斜面向上四十五度角插入皮膚，把輸液控制閥往上推，確認沒有漏出點滴液後，用膠帶貼成大叉固定，貓咪已經呼嚕呼嚕快入睡了。這是第七百三十六次我幫貓咪打皮下，早晚各一次，持續了一年的時間。

想起第一次知道貓咪因為腎衰竭，需要每天點滴輸液補充水分的時候，我淚眼汪汪看著醫生一邊熟練操作，一邊為我講解打皮下的過程。他告訴我得仔細記下每一個步驟，才能學會居家照護腎衰貓，不然貓咪天天早晚上醫院也是折騰；我當時一直無法突破的下針恐懼症，從醫生的一句話中得到解脫，他說：「妳正在為妳的貓注射愛。」

這皮下點滴不是每隻貓都能乖乖讓你打的，遇到原本就孤僻不親人的貓、兇巴巴不肯讓你靠近的街貓、原本很乖但到打針時間就翻臉的貓，每次打皮下就是一場戰爭；不是貓齜牙咧嘴躲到不見蹤影，就是人做到又累又哭，雙方關係緊繃，隨時到達崩潰的臨界點。

我曾經為一隻照顧十三年卻從來摸不到，名叫喵吉拉的貓，打皮下點滴將近一年半的時間，到底怎麼辦到的呢？就是趁著喵吉拉熟睡時，把全部工具準備好，再躡手躡腳走到牠身旁，趁著牠睡得迷迷糊糊時，手腳俐落地把蝴蝶針插入後頸皮下，膠帶只能隨便貼上，喵吉拉就會醒來在屋內四處跑，這時人肉點滴架就會上場；我把點滴用手舉高後跟著牠四處走動，

冬天幫貓打皮下點滴得先加溫。

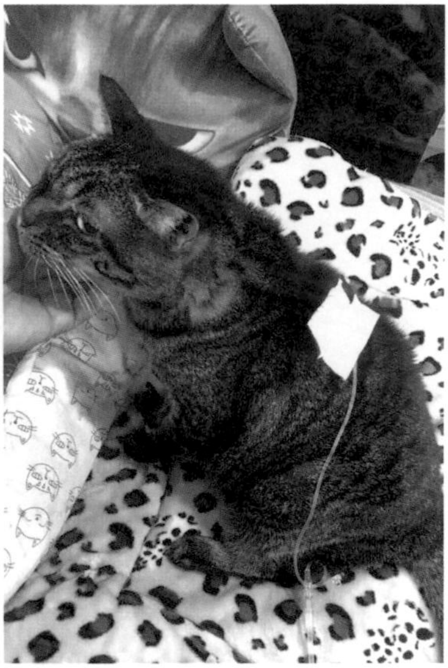

一邊打皮下一邊幫貓奶奶秋秋按摩。

只要不要拉扯到膠帶的固定處，就能順利完成任務。那時候拍下的人肉點滴架照片，成為我和喵吉拉最鮮明的回憶。

照顧的老貓中有不少是腎衰竭離世的，牠們貓生最後一段時間幾乎都需要貼身照護，包含打皮下。每一次下針，還是會明顯感受到貓皮膚的阻礙、痛覺以及自己非做不可的罣礙、痛苦。但貓咪罹患的是不會好轉，只會愈來愈惡化的腎臟慢性病症，只能堅強面對，因為貓咪需要我，而我能做到的就是想辦法減輕貓咪所受的苦。

我的醫生對我說：「當妳的貓都老的時候，妳就進入悲傷期了。」人年老時會出現的腫瘤、器官病變，老年動物也會有。牠們的生命循環比人類短暫，我們一路看著心愛的貓從健康到生病、從幼小年輕到年老，終究是會走到最後一個階段——死亡。只能慶幸自己還有能力在最後一程中盡心照顧，在牠們最虛弱的時候，讓牠們感受到我最深的愛。

教我打皮下點滴的醫生已經結束長達三十年的獸醫生涯退休了，而我養貓二十年了，不能停止的，得持續地為老年腎衰竭的貓咪打皮下點滴。今夜趴在我腿上的貓咪已經打足需要的點滴量，把輸液控制閥往下卡住到底，抽出蝴蝶針，摸摸貓咪的頭，告訴牠：「今天辛苦了，每一天都要這麼乖喔！」

明天，後天，大後天，還是要繼續注射愛。

# 送你遠行

把你放在鋪著軟墊的紙箱內，為你擦拭身體，幫你闔上雙眼。

我告訴自己必須接受你已經遠行的事實。

從一開始的「怎麼辦？」到每天固定時間叫喚你：「打針、吃藥的時間到了。」

從一開始拿到一堆點滴輸液的迷惘，看著蝴蝶針不敢戳下去的恐懼，到你跑給我追，還得充當人體點滴架的日子。

從一開始慌亂地不斷詢問醫生、查閱網路和書籍，企圖想了解有關你的病症，到看到某某保健品有效馬上訂購，有一整個櫃子都是你專用的各式藥品。

從拿出藥袋裡琳瑯滿目、眼花撩亂的膠囊，我塞一顆、你吐一顆的手忙

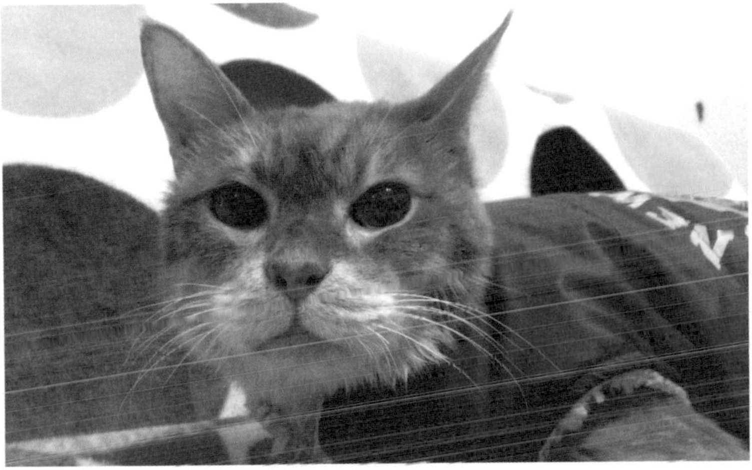
咪咪爺爺十五年的貓生都有我的陪伴。

腳亂，到餵藥快速到你還沒掙扎就已經吞下去的俐落。

慢慢地，我們接受生病的事實，我學會如何照顧你，而這一路走來彷彿走著一條已知盡頭的路，路愈走愈小愈崎嶇，但我們總是互相支持，我對你說：「別怕，我一定會在你的身邊。」你舔了我的臉，回答：「喵。」

我們慢慢走，一步分兩步走，以為還有好長的路，你健康時不覺得時間過得飛快，現在怎麼一下子就走到了盡頭？我們還是走到了最後的這一天。

把你放在鋪著軟墊的紙箱內，為你擦拭身體，幫你闔上雙眼。念佛機唱著佛號，我們在房內相守，靜待十二小時之後，你的靈魂完全離開身軀，就要送你至寵物安樂園進行火化。這是最後一次我能摸著你和你說話，我會難過，但不會讓眼淚滴在你身上，因為我不想讓你在離開的時刻有所牽掛。

你躺著的紙箱裡，我放上你最愛的魚柳和玩偶，你看起來彷彿熟睡。這兩年你不停進出醫院，做各項檢查和醫療，體重不斷下降，血檢指數不斷上升，我知道你累了，想休息了。這一次你終於決定深深熟睡，不再醒來了。然而，送你去火化的路上，我心中仍然期待著你會突然伸個懶腰，睜開眼睛對我喵喵叫，但你的身體冰冷，我告訴自己必須接受你已經遠行的事實。

寵物安樂園的工作人員說：「要點火了，趕快跑！」我們大聲叫著：「咪咪趕快跑啊！」然後火化爐關上門。一小時後，你變身成環保盒內的白粉末交到我手中；我想起十五年前你還沒開眼前，也是這樣被我捧在掌心。

我們帶你來到最後的棲身之處，那是一個清冷有陽光的冬日早晨，我在花園裡深掘著一個洞，準備將你的骨灰歸化天地，從此便與自然生生不息。

此時突然出現一隻不認識的虎斑貓，乾乾淨淨的，友善地朝我靠近並躺了下來，我正忙著挖洞，虎斑貓靠著看著竟也伸出貓手和我一起挖，好像這是個遊戲般；本來應該感傷的下葬，因為突然闖進來的貓讓我沒那麼憂傷了。我心中這樣幻想著，虎斑貓是天使的化身，是你拜託祂來的，所以你的最後一刻，我微笑著沒有哭。

虎斑貓，我再也沒見到過；而你，我也一直沒有夢見過。猜想你一定遠行了，不再受到病痛的罣礙，自由地飛走了。這樣就好，我們這麼長的緣分，終究得畫下句點。你出生時我是接生者，十五年後我成為你的送行者，謝謝你給予我這十五年的幸福時光，我們會再見的。

插畫家 Panda 特別為咪咪作畫。

# 約定

有一天，我們會再相見的，我在心底深處，跟我的貓孩這樣約定著。

你在電話那頭不斷啜泣，說二十歲的貓已經走到貓生最後階段，醫生建議你讓貓安樂死，但你捨不得讓貓在陌生冰冷的醫院走，希望把牠接回家在熟悉的環境中度過最後一刻。你想為貓貼上止痛貼片減輕痛苦，你問我：「這樣牠就能夠舒服地入睡嗎？」你們一起生活這麼長的時光，比起任何一位家人都更加親密，你說未來沒有貓的人生，不知道該怎麼過下去。

一邊安慰你，我一邊想起了奶茶，我照顧快二十年離世的貓孩。牠離開的時候，我遠在南部照顧病重的父親，沒能見到最後一面。我在等待火車準備北上時，撥電話詢問先生貓咪的狀況，才知道奶茶沒等到我回家看牠就先走了。回程的一路上沒掉淚，看到奶茶的時候也沒哭，我抱著牠，牠的身體還是軟的，只是沒了熟悉的溫度，身上穿著我為牠織的毛線衣，眼睛閉著，就是一副熟睡的模樣。我把臉埋在牠的毛髮中，聞著屬於牠的氣味，慢慢地，我流下淚了，然後抱著先生大聲痛哭。

奶茶十九歲的時候，我給自己一個功課，寫下未來信給一年後滿二十歲的牠。記得第一封信的文末，我寫下：「如果妳還在，我想告訴妳我愛妳。如果妳已經不在，我想告訴妳，我真的很愛妳。」只是沒想到，我沒能守住約定照顧牠超過二十歲，也沒能在最後一刻告訴牠我愛牠。

我知道「盡一切努力也不能阻止花開花謝」，每一個生命終有結束的時候，更何況我把奶茶照顧到很老很老了，只是心中無法確定是否真的讓奶茶一生沒有遺憾？為牠做的事情，下的決定是否都是對牠最好的？奶茶走後，我一直把自己困在這樣的情感裡，對牠的依依不捨，習慣十幾年的時光隨時有牠的相陪，都加深我的傷感。

在放開手之前都要努力守護身邊的每一隻老貓。

你在電話那頭啜泣，我在電話這頭也默默掉淚，你即將失去相伴很久的心靈伴侶，而我已經失去了。我們都沒把牠們當成只是一隻貓，而是家人、兒女、親愛的、一輩子最深的愛。面對最後的別離，是捨不得，但牠們要去的地方是天堂，是極樂淨土，別讓我們的眼淚阻礙牠們啟程，就要脫離病痛自在地飛翔。

「別哭了，你已經非常努力了。」我安慰著你，或許也是在安慰著我自己，我們都盡力把貓照顧到二十歲這麼長的歲月，最後的放手，只是暫時，有一天，我們還是會繼續相守。

有一天，我們會再相見的，我在心底深處，跟我的貓孩是這樣約定著的。

特別收錄

# 寫給二十歲貓奶奶的信

# { 二十歲的貓奶奶，您好嗎 }

快二十歲離世的貓瑞奶茶。

忘記從何年起妳變得比我老，忘記從何時起，我開始叫妳貓奶奶。

妳叫奶茶，十九歲的貓瑞，相當於人類的九十歲。我們從妳三個月大開始一起生活至今，妳的身體已經老化到需要吃保護心臟、治療腎臟、降低血壓的藥物。一個月看一次醫生，醫生用聽診器聽著妳的心跳，我也一起聽著，蹦次！蹦次！蹦次！規律的跳了一分鐘一百八十下。

老化是生命的必經過程，全身器官無法避免逐漸退化，視力會模糊，退化性關節炎也會產生，甚至老年癡呆也可能慢慢找上妳。這些我全部無力阻止，就像無法阻止花開花謝。

看著妳的臉，我還是習慣叫妳小寶貝，妳跟十八年前一歲的妳一模一樣，歲月沒在妳的身上留下軌跡，依舊穿著奶茶色的外衣。我羨慕妳未曾變老的童顏，把臉埋在妳毛髮中磨蹭，想把我的味道留在妳身上，也想把妳的味道存在記憶裡；想把摸著妳的感覺備份下來，想把互相磨蹭的感情裱褙起來；我想要把妳留在身邊再久一些些，我想每天都能聽到妳那美妙的呼嚕聲……。輕輕地讓妳躺在睡墊上，妳把頭枕在手掌上看著我，我想妳一定在告訴我，妳愛我。

動物醫生曾經告訴我，照顧年老動物是一段長長的悲傷期，因為注定是要當送行者，很多人因此害怕失去，害怕生離死別，不敢再愛。我告訴自己，即使注定要分離，也要在悲傷中堅強，因為知道我是妳努力活下來的意志，而讓妳無憂無慮地快樂生活是我最大的希望。

想起妳十八歲陸續出現一些失智及偶發癲癇現象，十七歲時眼睛漸漸看不清楚，十三歲罹患慢性腎衰竭，還有好久好久以前，妳一歲時因絕育手術傷口惡化，整整住院一個月才搶回一條命。我們一起度過好多難關，感謝上天讓我們順利度過一年又一年。以貓的平均年齡十五歲來說，我們已經多從上天那兒獲得四年的幸運，每一天都是恩惠，每一個相處時刻都是重要的。

未來不可知，我們無法決定生命的長度，包含我自己的。每一年年初，我都為我們訂下一年期的約定，約定著我們要好好相守這一年，然後在年末最後一天，感謝我們互相的付出。

今年，我想在一年期的約定外再加一個；趁著還有溫度，趁著妳還在身邊，把過去跟好多貓生活的點滴與妳一起回憶，把沒說出口的話好好地告訴妳，把這些化為一封封信，寫給一年後滿二十歲的妳。開頭的第一句話，我想寫下：二十歲的貓奶奶，您現在好嗎？

如果妳在，我想告訴妳，我愛妳。

如果妳已經不在，沒關係的，因為在我心中妳已無所不在。

# { 謝謝你，每一天 }

十五歲的咪萬和十九歲的奶茶合照。

二十歲的貓奶奶，您好嗎？

妳十三歲時罹患的慢性腎衰竭，是在每年例行身體健康檢查時發現的。慢性腎衰竭號稱老貓的頭號殺手，腎臟是個沉默的器官，加上貓咪擅長隱藏自己的病痛，只要腎臟還有百分之三十的功能在，很難從外觀或行為上發現異狀，很多貓被察覺有異時，都已經到了無法挽回的地步。

幸運的是妳在腎功能走下坡前就被檢查出來，即時治療加上每天補充點滴輸液、吃必要的藥物和保健品，定期回診監看腎指數變化。幾年過去了，妳的病被控制得很好，沒有惡化下去，連醫生都覺得妳是最厲害的貓奶奶。

這幾年妳的同伴們一一比妳早走，十六歲的圓圓、十五歲的小武，還有十五歲的咪咪都相繼離世。我日日照顧著你們這些年老的貓孩子，老化是無力翻轉的必經過程，老貓的每一天都是一個關卡，現在健康不代表永遠健康，眼前好好的不表示一年後也是如此。

照顧老貓就像在跟死神拔河，即使有動物醫生當隊友，也只能用力地往後拉。但還是有無能為力的時候。每當我送走一個年老的貓孩子傷心不已時，只要抱著妳，就好像能得到最大的安慰，當妳睜著黑黝黝的眼睛望著我的時候，彷彿在告訴我：「不要難過，我還在妳身邊。」

是啊！還好有貓奶奶妳在，我承諾過，不管好的、壞的、快樂的、痛苦的，都要一輩子與你們一起度過。即使面對各種無法避免的老化症狀，即使面對不可逆的慢性腎衰竭，與其逃避不如正面迎戰，因為腎臟永遠不可能回到健康時的狀態，我們唯一能做到的是努力爭取一些時間，想辦法延後腎臟敗壞的速度。定期到動物醫院驗血監控各種指數，遵照醫囑把每天該吃的藥、該打的點滴量、該喝的水量、該攝取的熱量都做到；注意觀察任何細微的變化，記錄體重的增減，儘量讓妳的生活安定舒適和保持心情愉快。用活著就很感恩的心情來好好照顧妳，相信時間會回饋我們的努力。

我知道終要來的那天還是會來，但還有溫度，還能緊緊抱著的時候，我感謝；還能呼嚕，還能吃完一盤魚的時候，我感謝；當我呼喚妳的時候還能回應我，我感謝；還能一直努力著，我真的很感謝。

謝謝妳，貓奶奶，每一天都感謝。

# {如果你忘記我}

晚年罹患失智症的咪萬。

二十歲的貓奶奶，您好嗎？

妳還記得跟妳生活一輩子的老朋友咪萬嗎？妳們最喜歡窩在同一張床上睡覺，互相理毛一起依偎。咪萬邁進十五歲的那一年出現老年癡呆的症狀，常常會忘記貓廁所在哪邊，有時也會忘記吃飯，但牠還是記得妳。每回睡醒見妳不在身邊，牠就開始呼喚妳，喵、喵、喵……，我們總是陪著牠走進每個房間尋找，直到找到妳。牠很開心舔著妳，不斷磨蹭，像在撒嬌：「我找妳好久了！」

老年癡呆也就是「失智症」，是一種漸進式的功能退化現象。會出現記憶力、智力的退化，或者產生情緒上、認知上的障礙，行為上也會出現異常。常見的現象有：睡眠週期改變而產生的夜號、忘記是否已吃飯、忘記貓廁所的位置、在原本熟悉的家中迷路，甚至忘記最愛的家人和貓同伴等等，這些年輕時未發生過的症狀在老年慢慢浮現。

當我們發現咪萬有這些症狀，就開始特別留意牠，在牠睡覺的地方鋪上看護墊，預防不小心的排泄；每天固定餵食，預防牠忘記進食；並在房子內裝設數個網路攝影機，有事外出也能看顧著。老年失智不是咪萬的錯，我們從不因此怪罪牠，而是伸出手用咪萬最喜歡的摸摸頭安慰牠，告訴牠沒關係的。

在咪萬最後一年的時光中我們不斷地換被子洗被子，花很多時間陪伴因為失智焦慮的牠。只要牠能多活一天，所有的辛苦都甘之如飴。咪萬一直有我們的陪伴到最後一天，走完將近十六歲的貓生。

貓奶奶，如果有一天妳也發生跟咪萬一樣的狀況，別擔心，我們會用更多的愛來包容妳；如果妳忘記我了，別擔心，因為我一定不會忘記妳；如果妳走不動了，我會抱著妳去散步；如果妳看不到了，我會幫妳排除路上的危險；如果妳忘記吃飯了，我會把妳放在我懷中慢慢地餵妳；如果妳老到該跟我告別，我不會強留妳讓妳痛苦。

我一直在練習著，要快快樂樂地陪著妳，要為妳高興能度過這麼長的歲月，而不是一直憂愁著當妳不在的時候我會如何難過。現在，就好好把握每一天每一分鐘，好好照顧妳。我們能擁有的相處時間如此珍貴，每天早上我見到妳就默默想著又少了一天，能愛的時間已經不夠又怎能浪費，那些憂傷就留在未來吧！

# {心跳著，真好}

固定就醫的奶茶。

二十歲的貓奶奶，

您好嗎？

從妳十三歲起，我們就維持著平均一個月到動物醫院報到一次的頻率，我總說這是「考試」。成績單就是各項檢查的數據，大部分都是All pass，偶爾也會出現紅字，陪考的我往往比妳還要緊張。我很清楚檢查數據的上上下下不代表一切，但當妳的年紀愈來愈大，我的

動物醫生幫奶茶量血壓。

膽子就變得愈來愈小，只怕自己照顧上有什麼疏忽，造成無法彌補的遺憾。

一般人都要注意自己的血壓，老年動物當然也是。每一回動物醫生都會幫妳量血壓、聽心跳，看看是否在正常值內，因為持續性的高血壓沒有治療的話，會對妳的腦部、心血管、眼睛和腎臟造成傷害。一年前妳血壓高出正常值，醫生開始給予降血壓的藥物，還得持續測量，確定藥量是否適當。醫生說，一旦發現有血壓異常現象，就需要一輩子監控，特別是老年動物，一次的檢查不代表永遠的狀況，有時候甚至需要做甲狀腺功能檢查（T4）和心臟超音波等，釐清高血壓的成因。還好妳的血壓在吃藥控制下，檢查成績都能低空飛過。

每一次醫生測量妳的心跳時，監測的儀器會把妳的心跳聲放大出來，噗通！噗通！快速韻律跳動著，像是一首進行曲。每一次我都仔細地聆聽，因為我知道，心能跳動著，是最美好的事情，而我最重要的任務，就是讓這樣美好的聲音持續演奏下去。

最近，我們在動物醫生的建議下買了聽診器，平常在家裡就要練習算妳的心跳數。在醫院的測量，常常會因為緊張心跳加快、血壓變高，有時候無法真正得到平常應有的數據。如果能夠在熟悉的環境下，放鬆進行測量，能幫助醫生在診斷上多些數據判斷。

但真正使用聽診器時，我才發現這件事不像表面上看來那般輕鬆容易。要拿著聽筒找到心臟的位置、清楚聽到心跳聲，實在有點吃力；放對位置了，還要聽著妳貓族快速的心跳音，數出正確數字。可是，為了妳，再困難的事都得練習、都得克服。

請答應我，貓奶奶，我們一起努力讓妳的心跳下去，不快不慢，恰如一隻貓咪健康的心跳速度就好，噗通噗通，噗通噗通，讓波浪般的上下跳動一直持續下去。

# { 從開始到最後 }

從三個月大照顧到快二十歲的奶茶。

二十歲的貓奶奶，您好嗎？

妳是我的第二隻貓，也是唯一認養來的。十九年前在建國高架橋下的紅磚道上，一隻咖啡色的虎斑小貓吸引住我的目光，就是牠了吧！彷彿命中注定。我還記得當時妳躺在紙箱內熟睡的模樣，也記得第一次抱著妳，妳就用雙手緊緊環抱我的脖子，直到今天，妳仍會這樣依偎著我。

我總是暱稱妳是「公關組」，這是對妳的好脾氣最佳的恭維。因為妳不管對人對貓都極為友善，從未見妳齜牙咧嘴的模樣，連帶著其他新加入的貓成員也會有樣學樣，會熱情招呼認識的或者不認識的人。也因為妳的緣故，總想要幫助更多像妳一樣的貓孩子，於是開始關注參與「流浪動物」以及「認養」的議題，接觸到網路上保護流浪動物的一群人，開始嘗試做起貓中途。

妳像是一個啟動器，開啟我內心最溫柔的部分。原來我可以用自己的力量來幫助流浪動物，幫牠們找到一個永遠的家。我們進而想辦法把「認養」的風氣在網路世界中推起來，建立一個以推廣認養為主的網站「台灣認養地圖」，成立貓中途的社群，把每一隻單獨奮鬥的螞蟻，利用網路連接起來。讓發揮自身專長的螞蟻們，可以像一大群氣勢不凡的蜜蜂那般影響社會風氣。最終的希望，也是我最大的理想，就是透過大家無私的努力，讓流浪動物老有所終、幼有所長、鰥寡孤獨廢疾者皆有所養。

如果沒有遇見妳，我只是一個恍恍虛度人生的上班族；如果沒有愛上妳，我一輩子也不可能有想幫助更多貓的念頭；如果不是妳一直在我身邊，我無法持續幫一批又一批的貓咪找到牠們的幸福；如果沒有妳出現在我的生命中，我不會是現在的我。

從我簽下認養切結書的那刻開始，我對妳就有一輩子的責任，要保護妳、照顧妳。妳也一直在我的貓中途生涯中，像一盞燈指引我前方的路。當初的小貓如今已經變成老奶奶了，睡眠的時間愈來愈長，行動漸緩。但我會盡心盡力陪伴妳直到妳生命終結的那一天，一如我當初對妳承諾，從開始直到最後。

# { 永遠的貓看護 }

奶茶三個月大的時候。

二十歲的貓奶奶，

您好嗎？

我是妳的媽媽，也是一個貓中途媽媽；貓中途是什麼呢？簡單來說就是將貓咪帶離危險與困頓的環境，提供照護，並轉介至另一個幸福的家。看似簡單的工作，實際執行過程卻很繁瑣，不論是中途貓的照顧、傷病的照護、認養訊息的刊登、認養人的篩選、送養與追蹤等等，每一個環節都勞力又勞心。但看著細心照顧的貓，從一隻瘦弱的流浪貓變成健康又有人疼愛的家居貓，所有的辛苦和壓力都煙消雲散。貓咪的健康幸福，是貓中途最大的回饋。

跟我一起做貓中途的朋友大多是這個樣子的，自己出錢出力，認養還附送嫁妝；救援不分年齡也不會分花色；送不出去的就自己留下來照顧到老等等。我們都是領死薪水的上班族，用自己的時間和金錢在照顧貓咪，為什麼會一再投入呢？我想是「感同身受」，感受到動物的痛苦，希望自己能夠提供一些幫助。我們深信，幫助一隻貓不會改變這個世界，但這隻貓的世界將因有我們的幫助而改變。

每一次接手照顧的中途貓並非都能順利送養。有膽小的、有先天性疾病的、有受虐的和有行為偏差的貓，當然也有認養出去又被退回的貓，也總是有錯過認養機會的貓。送不出去怎麼辦？沒有回到街頭的可能，就留下來繼續照顧著。

但，貓口愈來愈多，能分給妳的時間就愈來愈少。以前妳可以占有我三分之一的關愛，幾年下來，算一算已剩不到十分之一，這是我覺得最愧疚的。然而妳總是溫柔地包容我，甚至還會幫我照顧膽小的貓朋友，像個保母般。若沒有妳寬容友善地對待其他貓，我很難當這麼久的貓中途。

十幾年過去了，當身邊照顧的中途貓過半都已是高齡貓時，我知道我必須認真思考未來，開始把重心從「中途照顧」轉變成「終途照護」。如同對妳的責任一樣，我對這些沒送出的中途貓同樣承擔著一輩子的責任，永遠不離不棄。

現在，我仍是妳的媽媽，也是妳的看護，更是貓咪老年安養院的照顧者。我知道生命終有結束的一天，動物走到老年一定會有離開的時候，我能做的，就是好好照顧陪伴到最後一天，讓我們之間有美好的告別。

後記

# 這輩子欠貓的

我猜自己上輩子一定欠下很多貓債，
所以這輩子必須用盡心力償還……

我對我的貓說：「下輩子不要你來當我的小孩，請讓我當備受你寵愛的貓。」

如果世間有輪迴，如果虧欠終須清償，那麼，我猜上輩子我是欠下很多貓債的人，所以這輩子必須用盡全身力氣來還，不然，怎麼解釋我與這麼多貓的緣分？在人生最精采的雙十年華就投入救援流浪貓的行列，散盡掙來的每一分錢給貓治病、給貓足食，最後，還為了貓舉家搬遷。

如果不是真愛，如何能周而復始做著同樣的事情？為初生奶貓餵奶驅尿、為重傷成貓照護復健、為老貓灌食維生。時間從來不是自己的，切割成各個時段為貓打掃、整理、餵飯、打皮下、看醫生、灌食，還有陪伴。很想看的那部電影上檔後又下片了，很想吃的那家餐廳看著菜單價錢就默默離開，很想去的出國旅行因為找不到可以託付貓的人而作罷，除了沒有時間，有時候我甚至覺得我也快要失去自己。

為生病住院的貓焦慮不安，為不吃飯的貓煩惱，為打架鬧事的貓心煩，為明明可愛到不行的貓找不到新家憂慮，為一屋子的貓的每一餐忙碌著，有時候煩憂到失眠，但掛著黑眼圈仍要開始照顧貓的每一天。

「照顧生命就是這樣啊！有什麼好抱怨的。」在心底安慰著自己，若總是覺得日子很苦，不如想著「貓活著就有機會就有希望，還能努力比什麼都重要」。與其撫摸著冰冷的身軀痛哭，不如在有溫度的時候更加疼惜；與其在未來懊悔，不如現在更加努力。照顧生命是自己自願加的責任，開始了就得盡力到最後。

我們總在失去貓時後悔付出得不夠，卻在貓還在身邊時讓時間任意流逝，貓的歲月走得比我們快，看著出生也可能看著死亡。牠的一生短短十五載，生老病死盡在眼底流轉，每送走一隻貓就哭著說我再也不要收貓了，但受苦的貓還是一隻隻出現在眼前，怎能視而不見呢？每當救下一隻貓，我就告訴自己，就當我這輩子欠貓的。

我對著我的貓說，下輩子當我變成你的貓時，請包容我的壞脾氣，請別介意我可能會有的壞習慣，請給予我最適合的飲食，請照顧我的健康，請絕對不要遺棄我，請照護我到終老，請愛我一輩子，這些都是我現在對我的貓所做的，下輩子也請這樣對待我。

我的貓呼嚕呼嚕地睜大雙眼看著我手上的貓薄荷，香味引發群貓暴動，剛剛的深情告白不知道有幾隻貓聽進去了？此刻每隻貓陶醉在貓草的微醺，地上滿是散落的貓草屑，等等收拾家裡又是一個大工程，唉！誰教我這輩子欠貓的呢！

貓教會我一個真理，
就睡吧！
所有困難的、
煩惱的、
難過的、
憂愁的，
睡醒再說。

葉子貓語

# 心中住了一隻貓

## 我們和貓一起的日子

作者 葉子
編輯 錢嘉琪
校對 葉子、錢嘉琪
　　 簡語謙
封面字體 劉庭安
美術設計 吳靖玟

發行人 程顯灝
總編輯 呂增娣
主編 徐詩淵
編輯 吳雅芳、簡語謙
美術主編 劉錦堂
美術編輯 吳靖玟、劉庭安
行銷總監 呂增慧
資深行銷 吳孟蓉
行銷企劃 羅詠馨

發行部 侯莉莉
財務部 許麗娟、陳美齡
印務 許丁財
出版者 四塊玉文創有限公司

總代理 三友圖書有限公司
地址 106台北市安和路二段二一三號四樓
電話 （02）2377-4155
傳真 （02）2377-4355
E-mail service@sanyau.com.tw
郵政劃撥 05844889 三友圖書有限公司

總經銷 大和書報圖書股份有限公司
地址 新北市新莊區五工五路二號
電話 （02）8990-2588
傳真 （02）2299-7900

製版印刷 卡樂彩色製版印刷有限公司

初版 二〇二〇年五月
定價 新台幣三五〇元
ISBN 978-986-5510-12-1（平裝）



國家圖書館出版品預行編目(CIP)資料

心中住了一隻貓：我們和貓一起的日子 / 葉子作.
-- 初版. -- 臺北市：四塊玉文創, 2020.05

面； 公分

ISBN 978-986-5510-12-1（平裝）

1. 貓 2. 寵物飼養

437.364　　109003604

地址：　　　縣/市　　　鄉/鎮/市/區　　　路/街

段　巷　弄　號　樓

| |
|---|
| 廣 告 回 函 |
| 台北郵局登記證 |
| 台北廣字第2780 號 |

SANYAU

# 三友圖書有限公司 收

SANYAU PUBLISHING CO., LTD

106　台北市安和路2段213號4樓

SANYAU

三友圖書
讀書俱樂部

「填妥本回函，寄回本社」，
即可免費獲得好好刊。

\ 粉絲招募歡迎加入 /

臉書／痞客邦搜尋
**「四塊玉文創／橘子文化／食為天文創**
**三友圖書——微胖男女編輯社」**
加入將優先得到出版社提供的相關
優惠、新書活動等好康訊息。

四塊玉文創×橘子文化×食為天文創×旗林文化
http://www.ju-zi.com.tw
https://www.facebook.com/comehomelife

親愛的讀者：

感謝您購買《心中住了一隻貓：我們和貓一起的日子》一書，為感謝您對本書的支持與愛護，只要填妥本回函，並寄回本社，即可成為三友圖書會員，將定期提供新書資訊及各種優惠給您。

姓名 ______________________ 出生年月日 ______________________

電話 ______________________ E-mail ______________________

通訊地址 ______________________

臉書帳號 ______________________

部落格名稱 ______________________

**1** 年齡
□ 18 歲以下 □ 19 歲～ 25 歲 □ 26 歲～ 35 歲 □ 36 歲～ 45 歲 □ 46 歲～ 55 歲
□ 56 歲～ 65 歲 □ 66 歲～ 75 歲 □ 76 歲～ 85 歲 □ 86 歲以上

**2** 職業
□軍公教 □工 □商 □自由業 □服務業 □農林漁牧業 □家管 □學生
□其他 ______________________

**3** 您從何處購得本書？
□博客來 □金石堂網書 □讀冊 □誠品網書 □其他 ______________________
□實體書店 ______________________

**4** 您從何處得知本書？
□博客來 □金石堂網書 □讀冊 □誠品網書 □其他 ______________________
□實體書店 ______________ □ FB（四塊玉文創／橘子文化／食為天文創 三友圖書 —— 微胖男女編輯社）
□好好刊（雙月刊） □朋友推薦 □廣播媒體

**5** 您購買本書的因素有哪些？（可複選）
□作者 □內容 □圖片 □版面編排 □其他 ______________________

**6** 您覺得本書的封面設計如何？
□非常滿意 □滿意 □普通 □很差 □其他 ______________________

**7** 非常感謝您購買此書，您還對哪些主題有興趣？（可複選）
□中西食譜 □點心烘焙 □飲品類 □旅遊 □養生保健 □瘦身美妝 □手作 □寵物
□商業理財 □心靈療癒 □小說 □其他 ______________________

**8** 您每個月的購書預算為多少金額？
□ 1,000 元以下 □ 1,001 ～ 2,000 元 □ 2,001 ～ 3,000 元 □ 3,001 ～ 4,000 元
□ 4,001 ～ 5,000 元 □ 5,001 元以上

**9** 若出版的書籍搭配贈品活動，您比較喜歡哪一類型的贈品？（可選 2 種）
□食品調味類 □鍋具類 □家電用品類 □書籍類 □生活用品類 □ DIY 手作類
□交通票券類 □展演活動票券類 □其他 ______________________

**10** 您認為本書尚需改進之處？以及對我們的意見？

______________________

**感謝您的填寫，**
**您寶貴的建議是我們進步的動力！**